BASIC APPLIED CUT

MASTER HAIRDRESSER PRACTICAL CREATIVE CUT

미용장 실기 창작 커트

구민사

저자약력

박선이

- 미용장, 이용장
- 현) 창신대학교 미용예술학과 교수

저서

- 남성베이직 살롱 디자인 커트
- 여성살롱 디자인 커트

장지민

- 미용장, 이용장
- 현) MBC아카데미뷰티스쿨 진주캠퍼스 대표
- 현) 창신대학교 미용장 과정 지도교수

저서

- 남성베이직 살롱 디자인 커트
- 여성살롱 디자인 커트

미용장 실기 창작 커트

초판 인쇄 2023년 6월 10일
초판 발행 2023년 6월 20일

| 지 은 이 | 박선이 장지민
| 발 행 인 | 조규백
| 발 행 처 | 도서출판 구민사
(07293) 서울특별시 영등포구 문래북로 116, 604호(문래동3가 46, 트리플렉스)
| 전 화 | (02)701-7421(~2)
| 팩 스 | (02)3273-9642
| 홈페이지 | www.kuhminsa.co.kr
| 신고번호 | 제 2012-000055호(1980년 2월 4일)
| ISBN | 979-11-6875-241-2 (93590)

| 정 가 | 35,000원

머리말

우리는 어떤 분야에서 최고의 기술을 가진 사람을 장인(匠人)이라고 일컫습니다. 미용은 가볍게 다가설 수 있는 대상이 아닙니다. 장인이 되겠다는 자세를 가진 사람만이 이 분야에서 성공할 수 있습니다. 현대사회에서 패션은 자기표현의 아주 중요한 수단이고, 패션의 완성은 헤어스타일에서 마무리됩니다. 현대의 미용은 이미 기술을 넘어 예술의 경지에 도달했습니다. 미용이 고도의 미학이 필요한 직업이 된 것도 바로 그 이유입니다.

장인의 경지에 도달한다는 것은 철저한 이론을 바탕으로 오랜 시간 현장에서 수련한 결과로서 만들어지는 것입니다. 미용인이라면 자타가 소망하고 인증하는 게 미용기능장입니다. 그 자격을 취득하기는 힘듭니다. 그렇지만 자격 취득 시 사회적 지위 향상은 물론이며 동종 업계의 모두가 그 실력을 인정합니다.

미용기능장이란 국가가 인정하는 최고의 자격증입니다. 한국산업인력공단에서 시행하며 현장에서 실무중심의 자격을 객관적으로 평가하여 수행 능력에서 우수한 인재임을 인정하는 자격증입니다. 그동안 미용인의 사회적 지위 향상과 실무능력 향상을 위해 자격증을 준비하는 과정을 교육하고, 연구하면서 많은 후학에게 좀 더 쉽게 접근하여 공부할 수 있는 지침서를 만들고자 노력하였습니다.

본 교재는 오랫동안 미용장 커트 부문 자격증 과정을 교육하며 연구한 산물입니다. 초보자도 좀 더 쉽게 기술을 연마할 수 있는 지침서가 될 것입니다. 교육과정에서 필요한 커트의 기초 지식을 토대로 했으며, 현시점에서 거론되는 다양한 문제를 제대로 해석하여 실속있게 구성했습니다.

미용기능장을 준비하는 수험생들의 실력 향상에 많은 도움이 되도록 최선을 다했습니다. 도전은 아름답습니다. 여러분을 응원합니다.

끝으로 이 책의 출판을 위해 적극적으로 도움을 주신 도서출판 구민사 조규백 대표님과 직원 여러분께 깊은 감사를 드립니다.

2023년 5월

저자 일동

CONTENTS

미용장

실기 창작 커트

1장 기본 커트의 종류 및 특징

1) 원랭스 헤어커트(one length haircut)의 종류와 특징

원랭스 커트는 솔리드 커트(solid cut)라고도 하며, 패럴렐 보브(parallel bob), 스파니엘 보브(spaniel bob), 이사도라 보브(isadora bob), 머시룸 커트(mushroom cut)가 있다.

커트의 특징은 엑스테리어에서 인테리어로 가면서 점차 길어진다. 길이가 같은 높이에 떨어지는 형태로 끊김이 없고, 언액티베이트한 질감이 된다. 아웃라인은 각진 형태선이 된다.

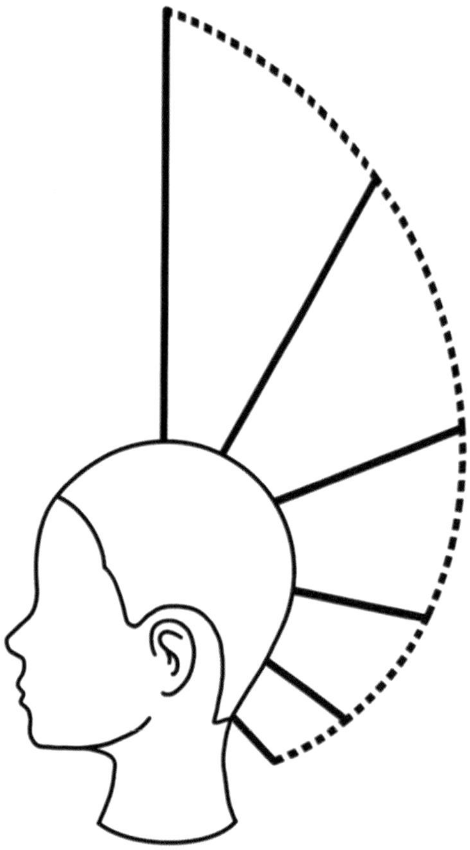

2) 그래쥬에이션 헤어커트(graduation haircut)의 특징

그래쥬에이션 헤어커트는 그라데이션(gradation) 커트라고도 하며, 그 의미는 단계적 변화, 점진적인 단차(층)를 뜻한다. 그래쥬에이션 헤어커트는 길이가 엑스테리어에서 인테리어 쪽으로 점차 길어져 모발 끝이 서로 겹쳐 쌓이는 것처럼 보인다. 그 결과 엑스테리어의 액티베이트한 질감과 인테리어에서 언액티베이트한 질감이 혼합된다. 무게감은 가장자리의 형태선 위에 나타난다. 모양은 삼각형이 되는 경향이 있다.

시술 각도에 따라 종류가 나누어진다.

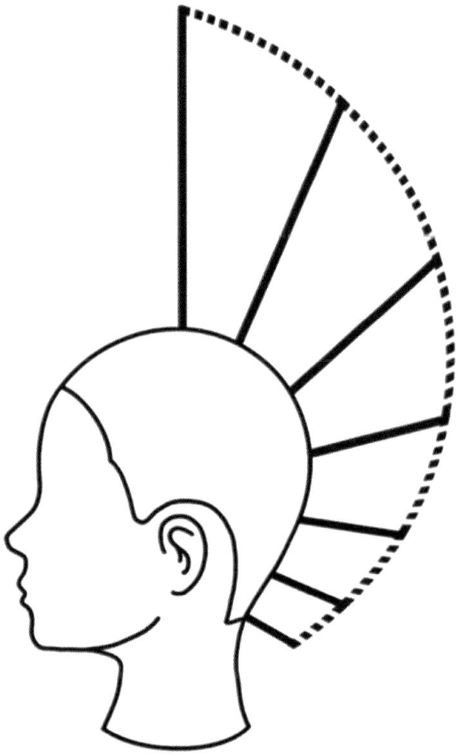

(1) 그래쥬에이션 헤어커트(graduation haircut)의 종류

그래쥬에이션 헤어커트는 시술각도와 패턴에 따라 분류된다. 시술 각도에 따른 종류는 로우 그래쥬에이션 커트(low graduation cut), 미디엄 그래쥬에이션 커트(medium graduation cut), 하이 그래쥬에이션 커트(high graduation cut)가 있다. 패턴에 따른 종류는 평행 그래쥬에이션 커트(parallel graduation cut), 증가 그래쥬에이션 커트(increasing graduation cut), 감소 그래쥬에이션 커트(decreasing graduation cut)가 있다.

① **시술각도에 따른 종류**

㉠ 로우 그래쥬에이션(low graduation)

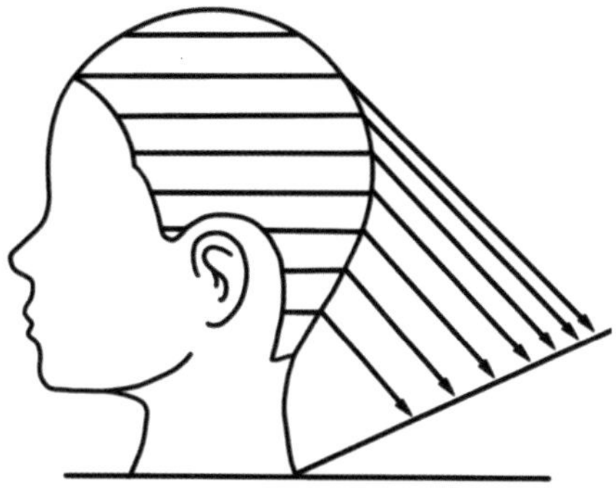

· 낮은 시술각 1~30°
· 낮은 시술각도와 낮은 단차(층)의 경사선이 만들어진다.
· 무게감과 볼륨이 많이 생기는 스타일이다.

㉡ 미디움 그래쥬에이션(medium graduation)

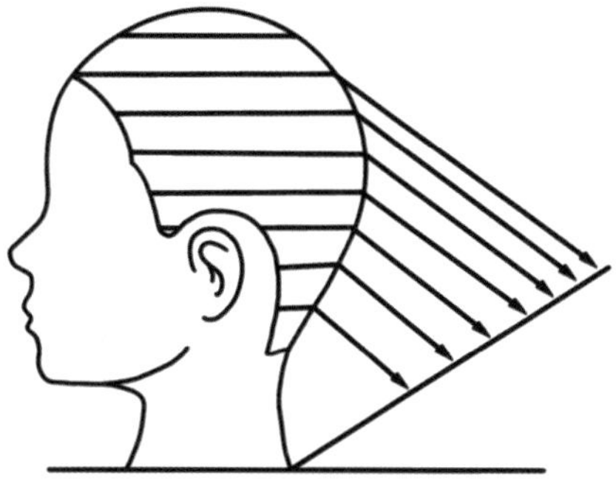

· 중간 시술각 31~60°
· 중간 시술각도와 중간 단차(층)의 경사선이 만들어진다.
· 무게감과 볼륨감이 적당하게 생긴다.

㉢ 하이 그래쥬에이션(high graduation)

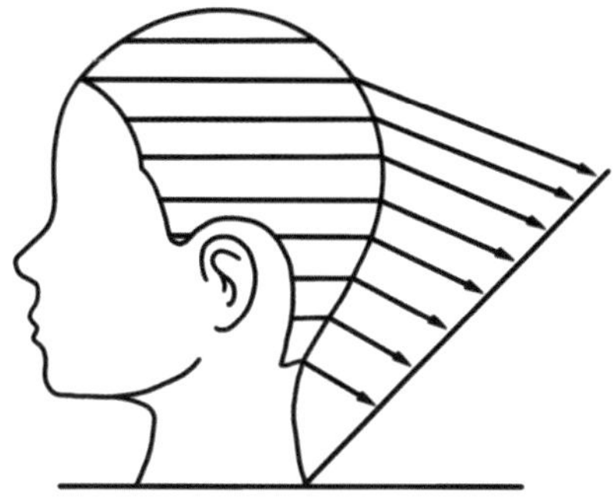

· 높은 시술각 61~89°
· 높은 시술각도와 높은 단차(층)의 경사선이 만들어진다.
· 무게감과 볼륨감이 상대적으로 작지만 모발의 가벼운 움직임을 느낄 수 있다.

② 패턴에 따른 종류

㉠ 평행 그래쥬에이션 커트(parallel graduation cut)

헤어커트 스타일의 층이 평행으로 그라데이션되는 것으로, 후두부의 N.P에서부터 아래에서 위로 시술각도에 따라 커트를 진행하는 기본형이다.

㉡ 증가 그래쥬에이션 커트(increasing graduation cut)

헤어커트 스타일이 앞쪽에서 뒤쪽으로 가면서 층이 증가되어 A라인으로 그라데이션이 된다.
슬라이스 라인을 전경사인 A라인으로 하고, 뒤쪽으로 빗어 커트하면 앞쪽이 길어지며 층이 감소되어 낮아지고 상대적으로 뒤쪽의 층이 증가되는 커트 스타일이 된다.

㉢ 감소 그래쥬에이션 커트(decreasing graduation cut)

헤어커트 스타일이 앞쪽에서 뒤쪽으로 가면서 층이 감소되어 V라인으로 그라데이션이 된다.
슬라이스 라인을 후경사인 V라인으로 하고 앞쪽으로 빗어 커트하면 앞쪽이 짧아지며, 층이 증가되어 높아지고 상대적으로 뒤쪽의 층이 감소되는 커트 스타일이 된다.

3) 레이어 헤어커트(layer haircut)의 종류 및 특징

레이어 헤어커트는 90° 이상의 높은 시술각도가 적용되는 커트 스타일로 시술각으로 층이 조절되며, 시술각이 높을수록 단층이 많이 생겨 두상의 톱 부분 모발에서 네이프로 갈수록 길어져 모발이 겹치는 부분이 없어지는 무게감이 없는 커트 스타일이 된다. 커트 단면이 모두 드러나 거칠어 보이며 밖으로 뻗치는 힘이 강한 특징이 있다.

① 레이어 헤어커트(layer haircut)의 종류

레이어 헤어커트는 시술각도에 따라 분류되며, 유니폼 레이어(uniform layer), 인크리스 레이어(increase layer), 스퀘어 레이어(square layer)가 있다.

㉠ 유니폼 레이어(uniform layer)

라운드 레이어, 세임 레이어라고도 한다. 모발 전체 길이를 균일하게 커트하는 스타일로, 커트를 할 때 두상 시술각도 90°와 온 더 베이스가 적용되며 무게선이 나타나지 않는 엑티베이트한 질감이 된다. 유니폼 레이어 형의 둥근 모양은 두상의 곡면과 평행을 이룬다.

커트 디자인을 할 때 모발의 길이와 관계없이 전반적으로 응용 범위가 넓다.

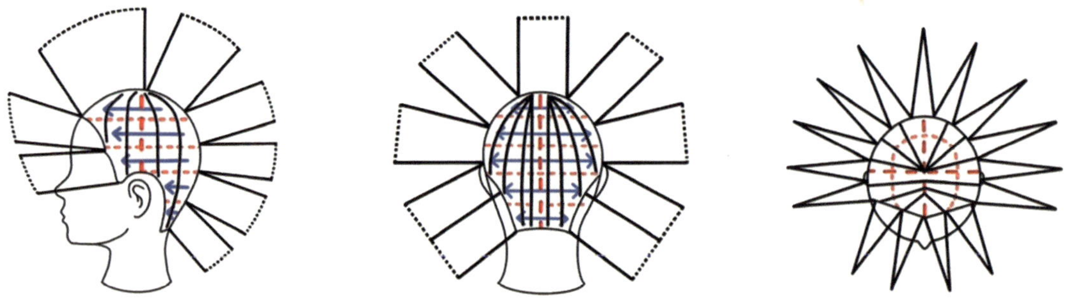

ⓛ 스퀘어 레이어(square layer)

커트 단면이 사각으로 각진 상태를 말하며, 커트 선이 네모지게 된다. 도해도상으로 봤을 때 사방에서 대칭적으로 길이를 같게 자르는 방법으로 사각형과 직각의 두 가지 의미를 지니고 있다.

사각형은 외각의 형태를 말하며 직각은 패널의 중심부 상태를 의미한다. 두상의 U라인 영역을 기점으로 모발을 위로 직각, 옆으로 직각으로 커트한다.

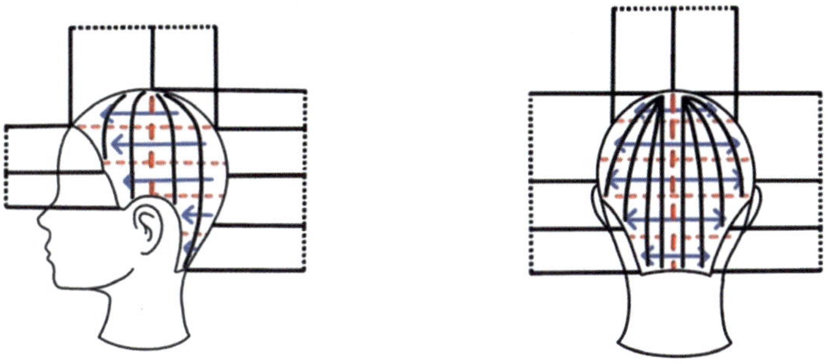

ⓒ 인크리스 레이어(iscrease layer)

하이 레이어(high layer)라고도 하며, 모발의 길이가 인테리어에서 엑스테리어로 점차 길어져서 무게가 보이지 않는 액티베이트한 표면 질감이 만들어진다. 급격한 층이 나도록 하는 커트 스타일이고, 모양은 위 아래로 길쭉해진다. 0°, 45°, 90°가 일반적으로 인크리스 레이어형을 만드는데 사용된다. 시술각은 한 부분으로 모든 길이가 집중되는 고정 디자인라인이 되는 파팅에만 적용된다.

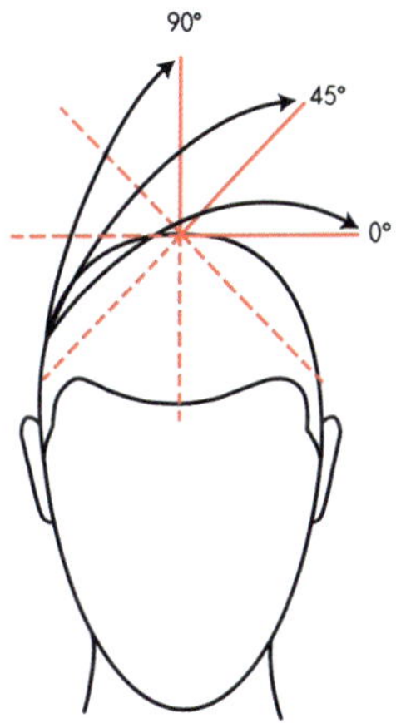

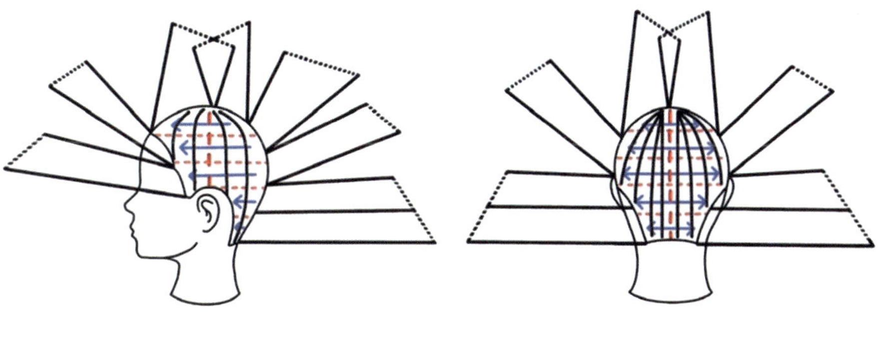

2장 두상의 포인트

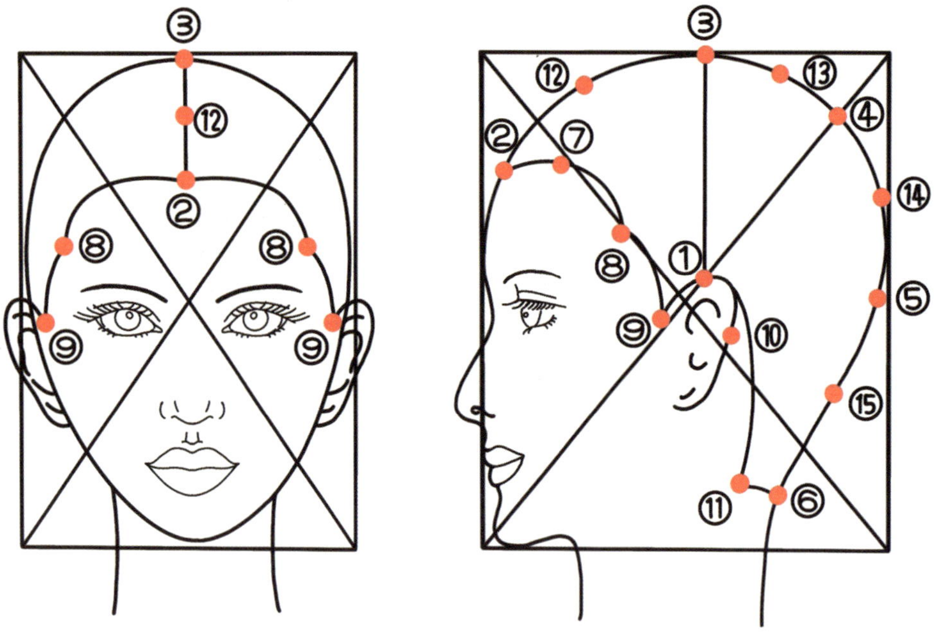

번호	약어	용어
①	E.P	Ear Point
②	C.P	Center Point
③	T.P	Top Point
④	G.P	Golden Point
⑤	B.P	Back Point
⑥	N.P	Nape Point
⑦	F.S.P	Front Side Point
⑧	S.P	Side Point
⑨	S.C.P	Side Corner Point
⑩	E.B.P	Ear Back Point
⑪	N.S.P	Nape Side Point
⑫	C.T.M.P	Center Top Medium Point
⑬	T.G.M.P	Top Golden Medium Point
⑭	G.B.M.P	Golden Back Medium Point
⑮	B.N.M.P	Back Nape Medium Point

3장 두상의 구획과 명칭

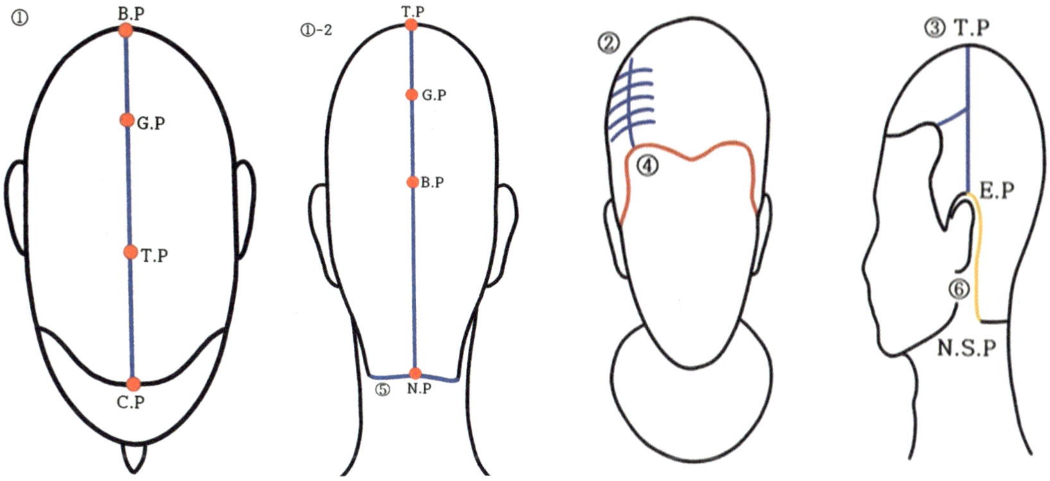

구분	명칭	명칭 설명
①	정중선	코를 중심으로 C.P~T.P~G.P~B.P~N.P를 연결하는 두부 좌·우를 수직 2등분으로 나눈 선
②	측두선	F.S.P에서 측중선까지 연결한 선
③	측중선 (측수직선)	E.P에서 T.P를 지나 반대쪽 E.P로 수직으로 내린 선
④	페이스 라인	전면부의 모발이 나기 시작한 구간(C.P→F.S.P→S.P→S.C.P)
⑤	네이프 라인	네이프 지역에 모발이 나기 시작한 구간
⑥	네이프 사이드 라인	E.P → N.S.P를 연결한 선
⑦	햄 라인	전체적으로 모발이 나기 시작한 구간

4장 두상의 분할과 명칭

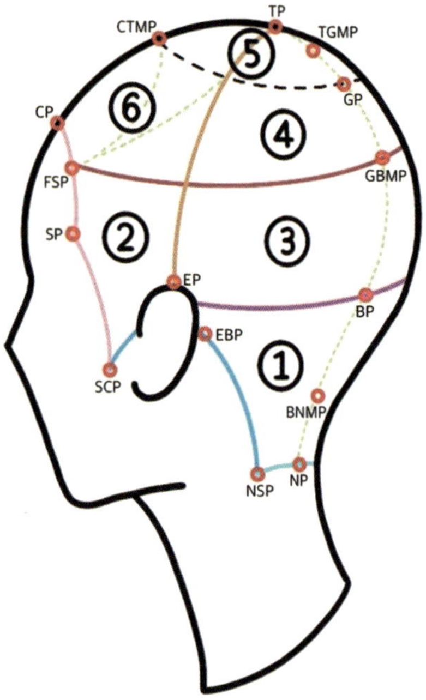

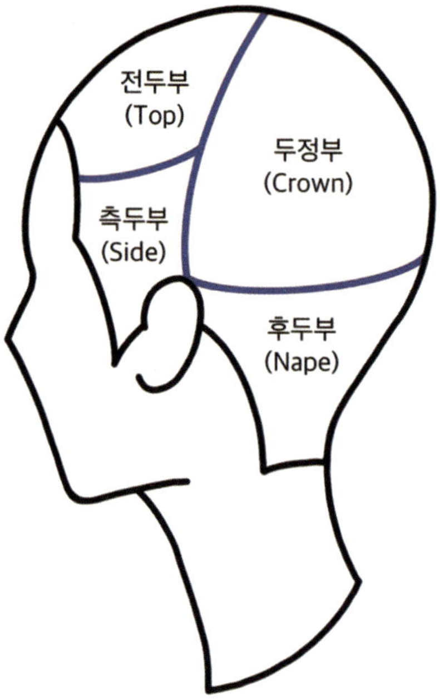

구분	명칭	명칭 설명
1번	후두부 (네이프섹션)	• 커트의 형태선(out line), 뒷머리의 모양, 길이를 결정짓는 영역 • 두상에서 가장 낮은 위치, 후두하부라고도 한다.
2번	측두부 (템퍼럴섹션, 사이드섹션)	• 옆선 만드는 영역 • 옆선의 이미지가 연출되는 곳으로 측면의 형태선 모양과 질감이 표현되는 곳 • 짧은 머리는 이곳에서 얼굴형의 이미지가 결정된다.
3번	두정부 (후중부, 옥시피탈섹션)	• 두상에서 가장 넓은 영역 • 돌출된 부분으로 헤어스타일의 전체적 질감이나 움직임에 관여하고 헤어스타일의 형태에 영향을 준다.
4번	크라운 (두정부, 후상부)	• 두상에서 가장 높은 위치의 영역 • 헤어스타일의 높이와 볼륨감을 주는 곳, 두정부라고도 한다.
5번	탑섹션	• 두상에서 가장 높은 위치의 영역 • 헤어스타일의 높이와 볼륨감을 주는 곳, 두정부라고도 한다.
6번	전두부 (프론트섹션)	• 앞머리 표정 만드는 영역 • 얼굴형과 밀접한 관계로 얼굴의 전체적인 균형에 영향을 준다.

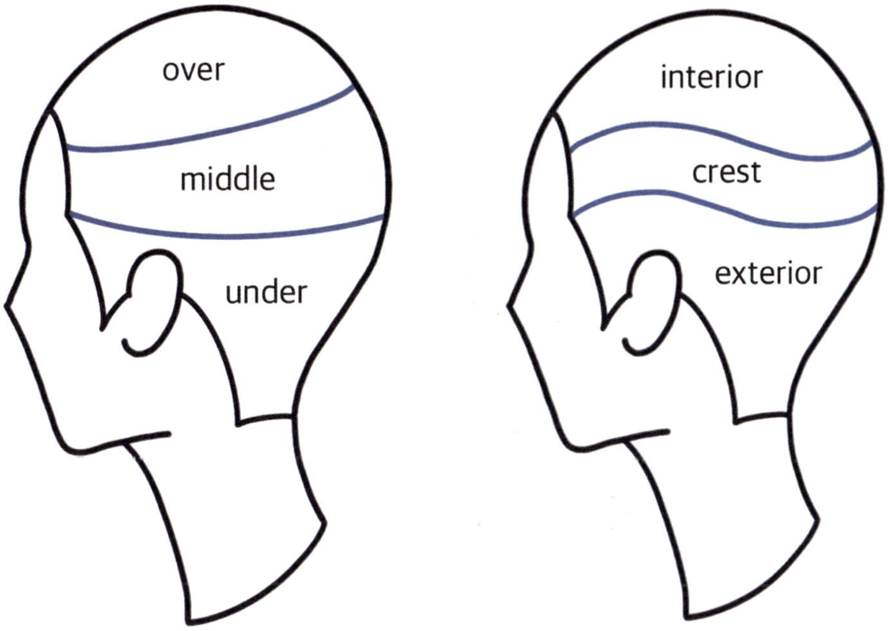

명칭	명칭 설명
Over Section	• 두상에서 측두골 부분에 방사상으로 떨어지는 형태의 모발들로서 전체 헤어디자인의 구성을 좌우하는 부분이다.
Middle Section	• 두상 골격에서 가장 돌출된 부분으로 헤어디자인의 형태와 두께를 정하는 부분이다.
Under Section	• 헤어디자인의 길이와 아웃라인의 질감을 결정하며 목덜미에 해당하는 부분이다.
인테리어	• 좌우 프론트 사이드 포인트와 골덴 포인트를 연결한 영역 • 유라인 영역이다.
크레스트	• 두상 골격의 가장 넓은 부분으로 헤어디자인의 형태와 두께를 정하는 부분이다.
엑스테리어	• 두상의 아랫부분으로 길이와 아웃라인을 결정하는 부분이다.
리섹션	• 이마와 관자놀이 사이의 곡선으로 하이, 로우, 미들로 나누기도 한다.

5장 섹션

섹션(section)이란 정확한 커트를 위해 모발을 세부적으로 나누는 행위이며, 주로 가로, 세로, 사선, 방사선 섹션 등 4종류의 섹션을 사용한다.

구분	명칭	명칭 설명
가로 섹션 (horizontal section)	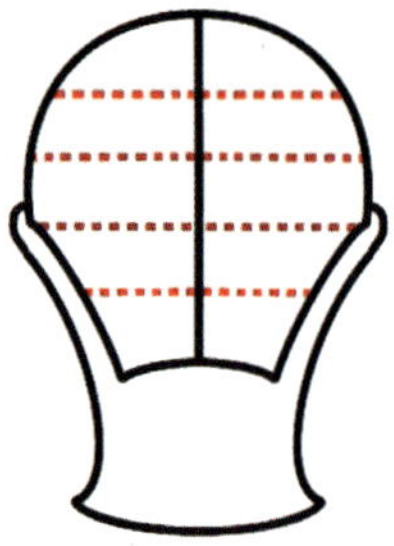	• 세로의 겹침이 무겁고 소프트해지기 쉬우며, 아웃라인은 하드해지기 쉽다. • 무거움을 만들기 쉬우므로 원랭스나 그라데이션의 무게감을 커트할 때 활용하며, 리프팅 조절에 용이하다.
세로 섹션 (vertical section)	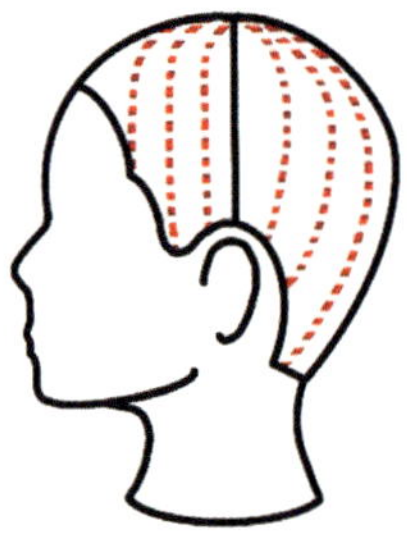	• 세로의 겹침이 가볍고 샤프해지기 쉬우며 아웃라인은 끝이 일정하지 않다. • 레이어 계열의 스타일과 가벼운 그라데이션 계열의 스타일 커트에 적합하다. • 플랫한 형태를 만들기 쉽다. • 오버 다이렉션을 주기 쉽다.
사선 섹션 (diagonal section)	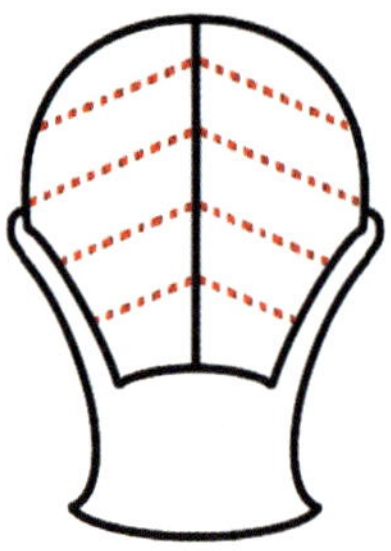 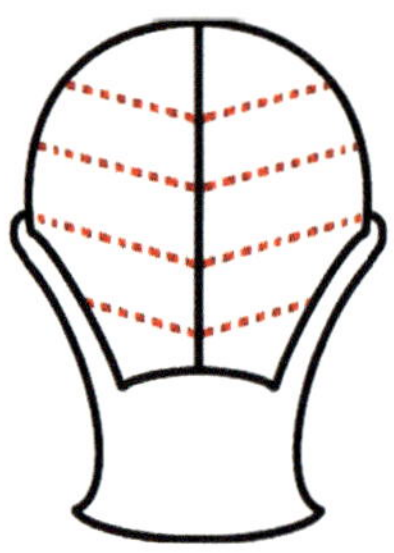	• 세로의 겹침이 가벼움과 무거움의 중간 정도의 형태를 만들기 쉽다. • 아웃라인이 일정하지 않고 그라데이션 계열의 스타일 커트에 적합하다. • 무거움과 경쾌함을 컨트롤하기 쉽다. • 레이어와 그라데이션을 컨트롤하기 쉽다. • 리프팅과 오버 디이렉션을 동시에 하기 쉽다. • 상, 하, 좌, 우 조절이 용이하다. • 가로와 세로의 장점이 있다. • 가로에 가까운 사선은 둥근 형태를 내고 싶을 때 효과적으로 사용할 수 있으며, 세로에 가까운 사선은 OD하기에 가장 쉬운 파팅이다.
방사형 섹션 (pivot section)	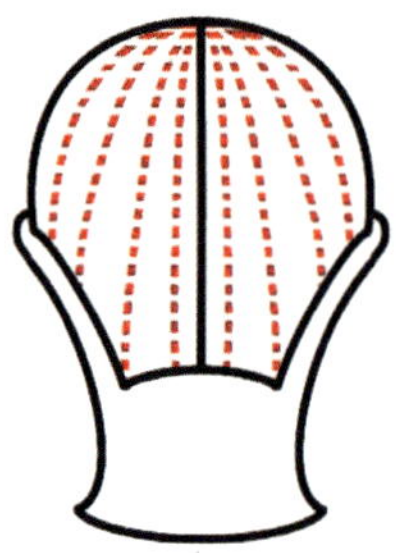	• 피봇 섹션이라고도 하며 중심점에서 방사형으로 퍼져 나누는 파팅 패턴으로 두상 곡면에 적합하다. • 크라운 둘레의 커트를 쉽게 할 수 있게 해주고 삼각 섹션이 생긴다.

출처 : 교육부(2015). 헤어커트 디자인(LM1201010105_14v2 LM1201010106_14v2). p.22.

6장 분배

분배는 베이스 파팅에 대하여 모발이 빗겨지는 방향을 말한다.

1) 자연 분배(natural distribution)

자연 분배는 모발이 두상에서 자연스럽게 떨어지는 그대로의 방향을 의미한다. 중력과 자연 모발 성장 패턴이 이 방향에 (특히 크레스트 부위에서) 어느 정도 영향을 주게 된다.

자연 분배는 수평, 좌대각 그리고 우대각 파팅 그리고 기본적으로 원랭스형과 그래쥬에이션형을 만드는데 사용된다.

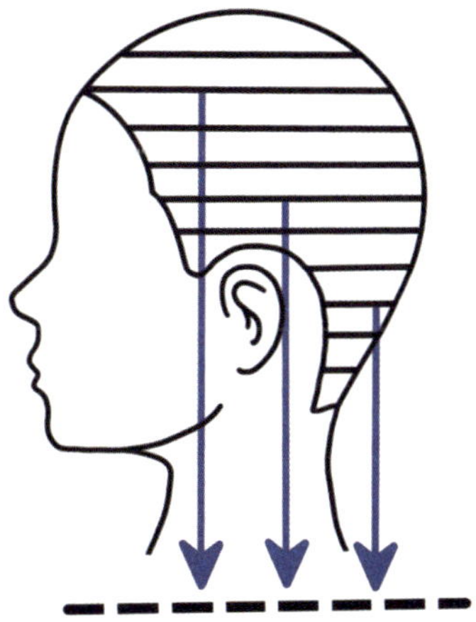

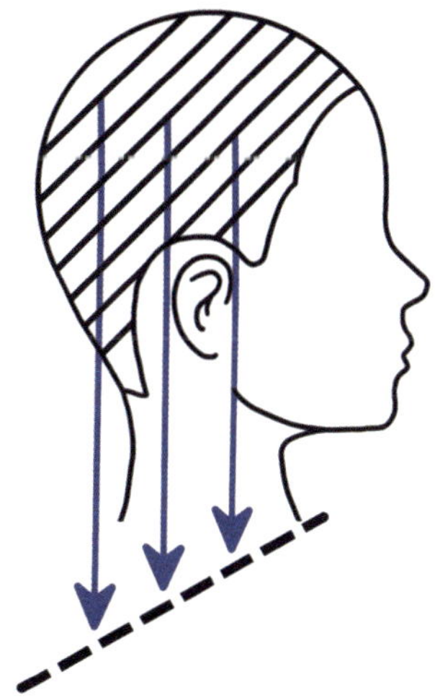

2) 직각 분배(perpendicular distribution)

머리가 베이스 파팅에서 90° 또는 직각으로 빗어질 때의 방향을 말한다. 직각 분배는 수평, 대각 그리고 수직 파팅에서 사용된다.

직각 분배는 모발이 자연 시술각 상태에서 벗어나게 되므로, 기본적으로 그래쥬에이션형이나 레이어형에 사용된다.

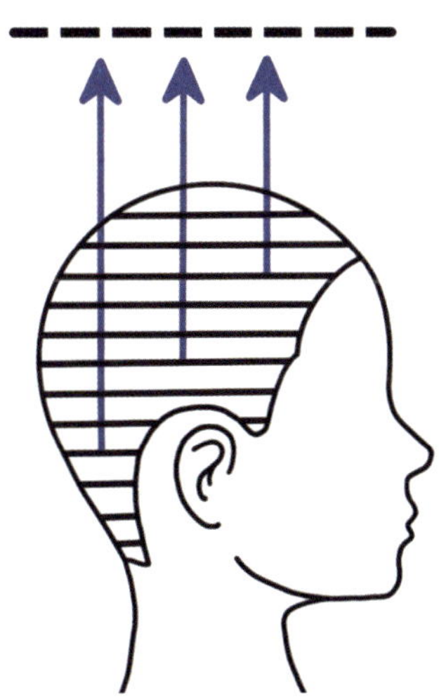

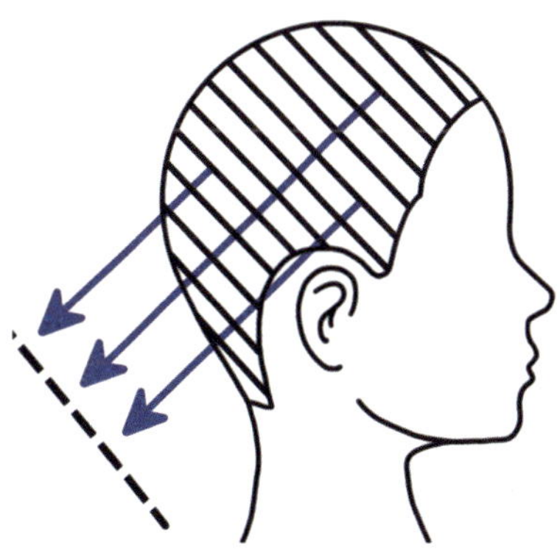

3) 변이 분배(shifted distribution)

모발이 베이스 파팅에서 직각 분배나 자연 분배 이외의 다른 방향으로 빗질될 때를 의미한다. 변이 분배는 원랭스형을 제외한 대부분의 형에서 사용된다.

변이 분배는 일반적으로 급격한 길이차를 보이거나 각 부분들간의 길이를 연결할 때 사용된다.

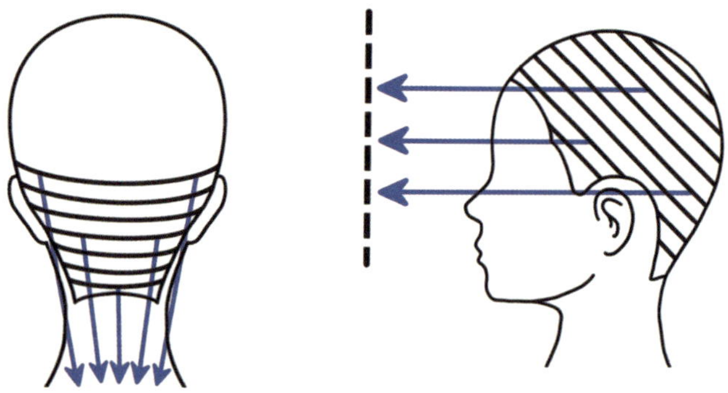

4) 방향 분배(directional distribution)

어떤 디자인을 만들어내기 위해서는 베이스 파팅의 한 부분에서 다음으로 넘어갈 때 분배의 방향이 바뀔 수 있다. 일관성을 유지하기 위해 천체축의 선들이 분배 방향을 시각적으로 측정하는데 사용된다.

모발이 수직, 수평 그리고 대각으로 분배될 수 있다. 예를 들어, 한 부분에서는 모발을 바탕으로 수직으로 위로 똑바로 하거나 다른 부분에서 수평으로 뒤로 똑바로 분배할 수 있다.

이러한 분배는 두상의 곡면으로 인해 길이가 길어지는 결과를 가져오는데 종종 편평한 면을 따라 커트할 때 사용된다.

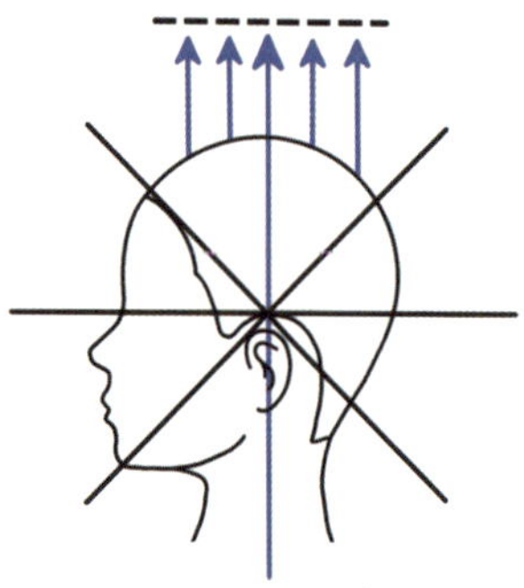

수직으로 위로 똑바로

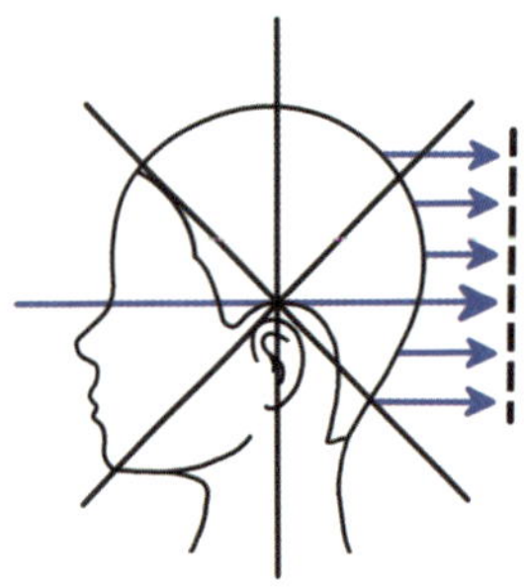

수평으로 뒤로 똑바로

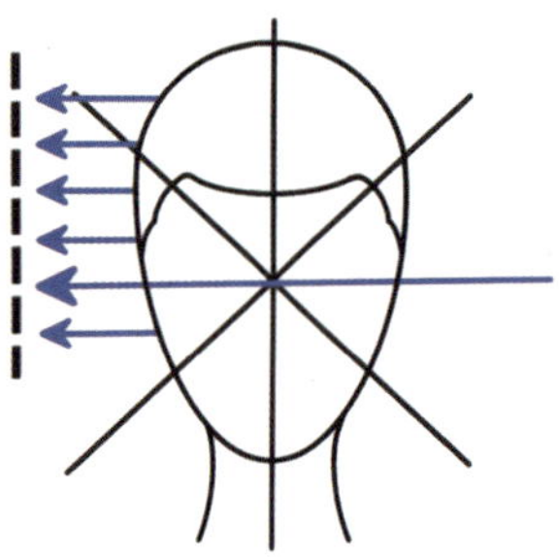

수평으로 바깥쪽으로 똑바로

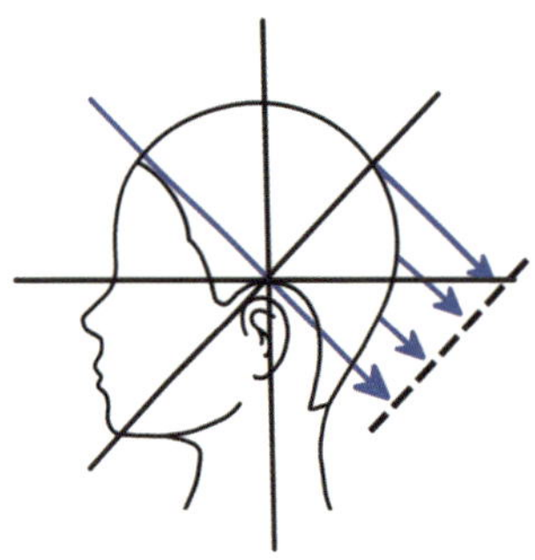

대각 아래쪽으로 똑바로

7장 커트의 상하좌우의 개념

리프팅이란 두상 골격의 경사면을 따라 모발의 상하길이의 단차를 올리거나 내리기도 하여 패널을 겹쳐서 웨이트를 컨트롤하는 방법으로, 상하 각도를 조절하여 그라데이션과 레이어로 표현하는 방법을 리프팅이라고 한다.

(1) **리프트 업** : 가이드보다 들어 올려 경쾌함이 생겨난다.

(2) **리프트 다운** : 앞패널보다 똑같이 또는 내리는 것. 가이드보다 낮게 커트하여 무거움이 생겨난다.

(3) **오버 다이렉션(OD)** : 패널을 앞, 뒤 어느 쪽으로 끌어내어 좌, 우 컨트롤하는 것이다.

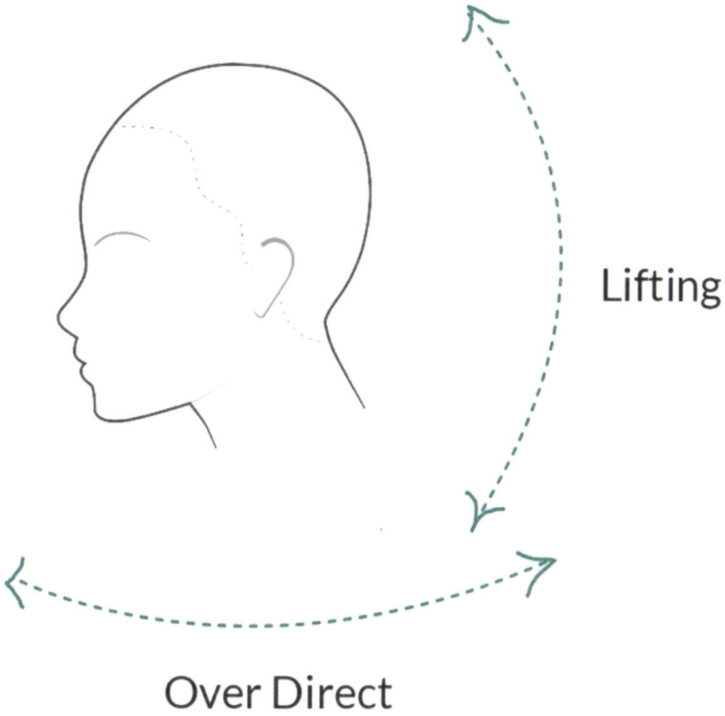

8장 시술각

시술각은 커트하는 동안 두상의 곡면으로부터 모발이 들어 올려지는 각도를 말한다.

커트에 있어서 볼륨감, 무게감, 입체감을 결정하는 중요한 요소이다. 자연 시술각도와 일반 시술각도로 구분된다.

1) 자연 시술각도

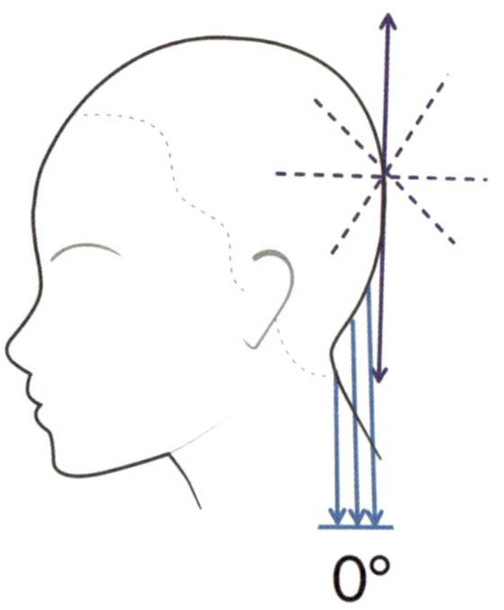

(1) 중력에 의해 모발이 자연스럽게 떨어지는 0°가 기준 각도이다.

(2) 천체축을 기준으로 한 각도로 두상의 둥근 상태를 무시하고, 수평면(—)과 수직면(|)을 활용하여 두상을 면(+)의 상태로 놓고 시술각도를 측정한다.

2) 일반 시술각도

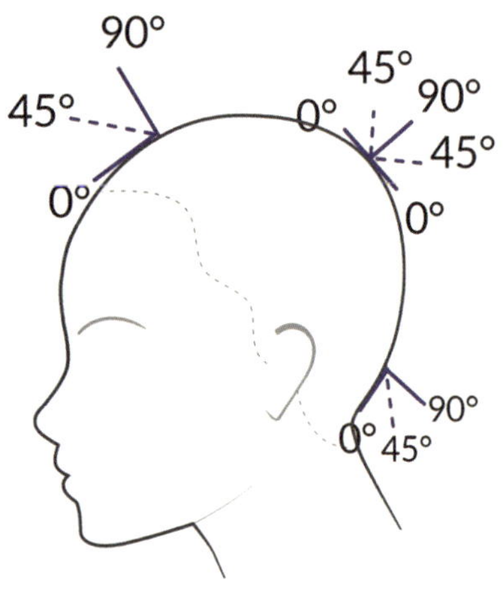

(1) 두상 시술각도라고도 한다.

(2) 모발을 두상에서 들어 올려 펼쳐 빗었을 때 나타나는 각도이다.

(3) 베이스의 모발을 빗어 잡았을 때 두상의 둥근 접점을 기준으로 한 각도이다.

9장 베이스

헤어커트를 위해 잡은 모발 다발(panel)의 당김새를 말한다.

선택한 베이스의 종류에 따라 모발 길이와 형태 및 형태 선의 변화에 영향을 주며, 헤어커트에서 가장 기본이면서 커트 스타일의 실루엣에 결정적인 역할을 한다. 따라서 베이스의 종류에 따른 당김새의 길이 변화를 이해하고 알아야 정확한 커트 스타일을 완성할 수 있다.

커트하는 방향이 가로이거나 세로일 때 베이스의 명칭이 달라지며, 커트 방향이 가로, 세로, 사선일 때 당김새가 달라진다.

1) 온 더 베이스(on the base)

커트 시 가장 기본이 되는 방법으로 베이스 중심이 90°가 되도록 스트랜드를 잡는 방법이다.

시술자의 위치는 커트선 중심에 서 있으며 커트선을 가슴 쪽으로 끌어 오며 커트를 하고, 커트선이 움직이는 방향을 따라 시술자의 위치도 이동한다.

온 더 베이스로 커트할 경우 동일한 길이로 커트가 되어 둥근(round) 형태를 만들어 낸다. 두상의 형태가 그대로 표현된다.

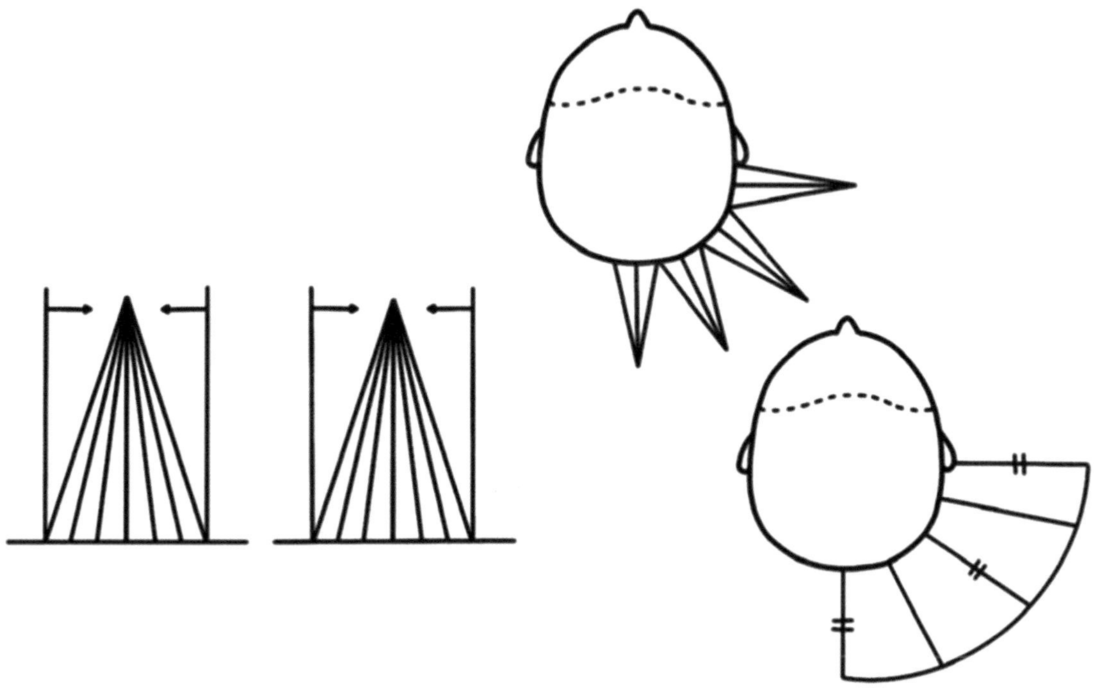

2) 사이드 베이스(side base)

스트랜드의 한쪽 면이 직각(90°)이 되도록 스트랜드를 잡아 끌어당기는 방법으로 한쪽 면의 모발 길이가 점점 길어지거나 짧아지게 된다.

한쪽 변이 90°가 되기 위해서는 반대쪽 모발의 이동거리가 더 길어지므로 파팅을 모아준 반대방향의 길이가 길어진다.

파팅의 양에 따라 길이의 감소 또는 증가를 조절할 수 있다. 정중선을 중심으로 사이드 베이스로 커트할 경우 사각(square) 형태를 만들어 낸다.

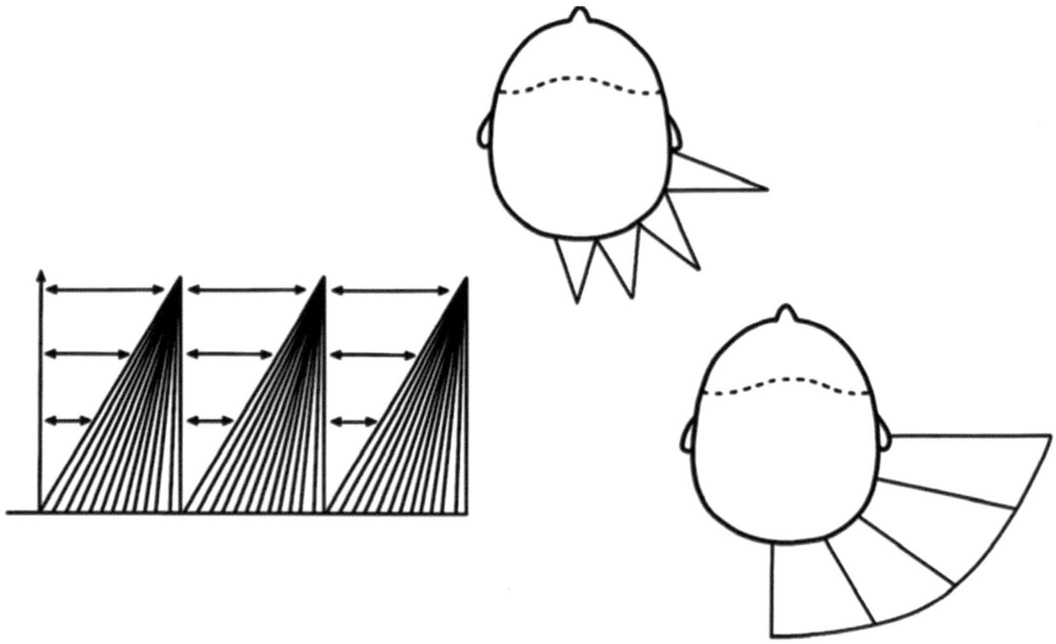

3) 오프 더 베이스(off the base)

스트랜드의 한쪽 면이 사이드 베이스를 넘겨 급격한 길이 변화를 주고자 할 때 사용한다.

오프 더 베이스로 커트할 경우 삼각(triangular, A-라인) 형태를 만들어 낸다.

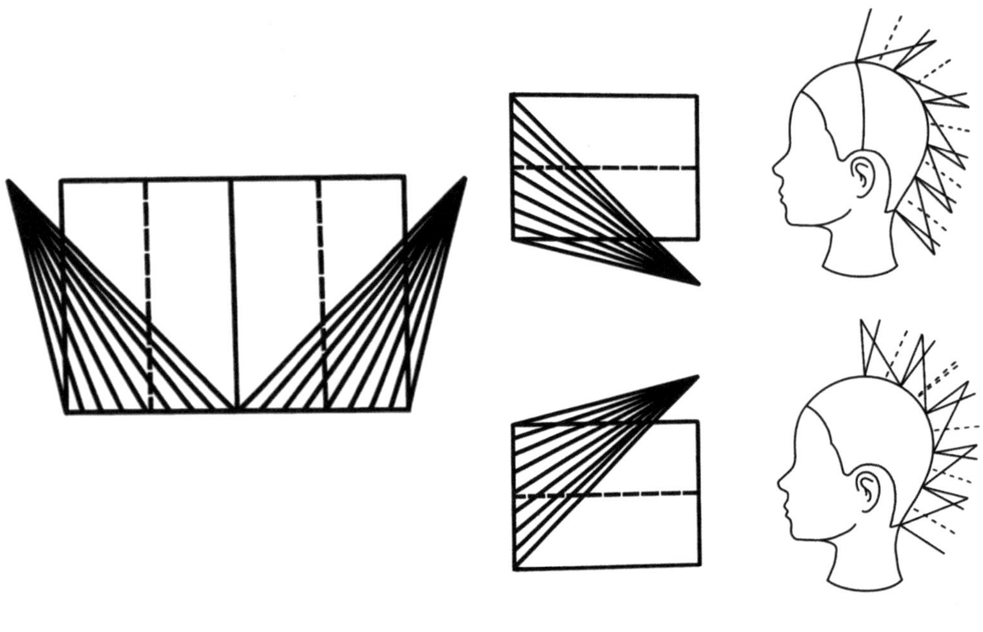

4) 프리 베이스(free base)

베이스의 2/3 지점으로 모발단을 모아 커트하는 방법이다.
길이가 한쪽이 점점 짧아지거나 점점 길어지게 표현할 때 사용한다.

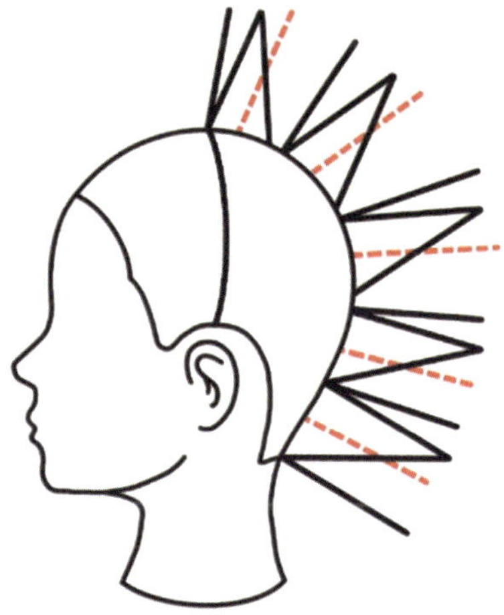

5) 트위스트 베이스(twist base)

베이스의 모발단을 비틀어 커트하는 방법이다. 길이와 형태선의 급격한 변화를 표현할 때 사용한다.

10장 가이드라인

1) 고정 가이드라인(stationary guide line)

가이드라인이 이동하지 않으며, 반대편 길이의 증가를 원할 때 사용한다.
예) 원랭스, 인크리스 레이어 등

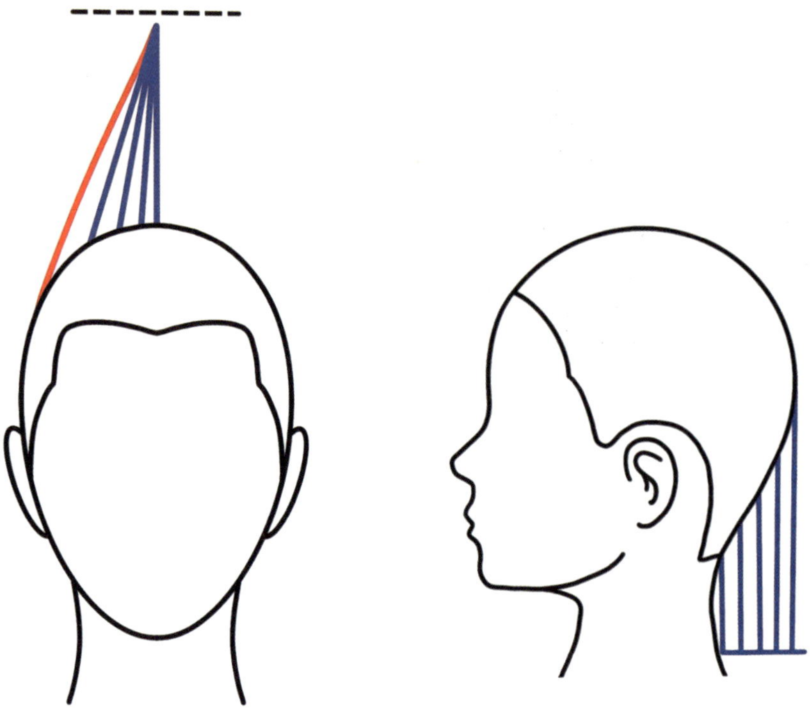

2) 이동 가이드라인(mobile guide line)

이동하는 가이드라인으로 이전 커트의 일부분을 다음 커트할 섹션의 길이 가이드로 사용한다.
예) 레이어, 그래쥬에이션 등

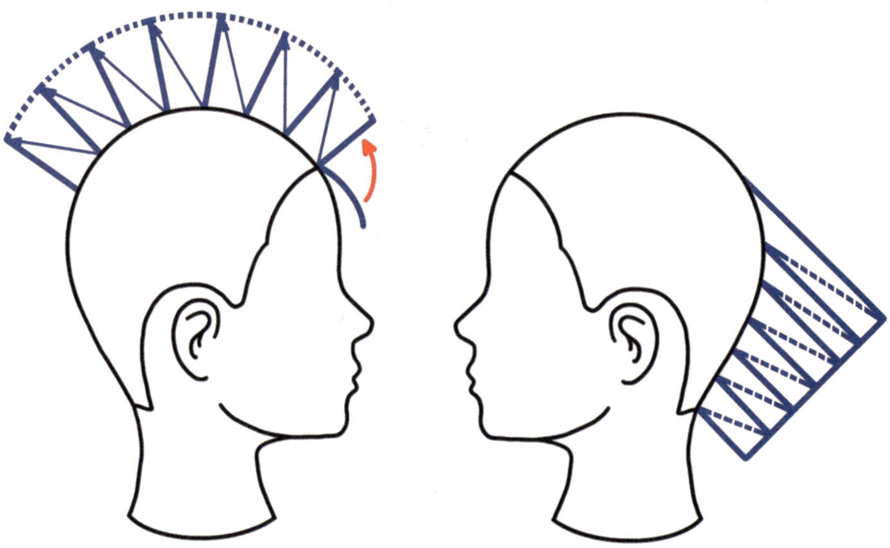

11장 손가락/가위 위치

손가락 위치란 베이스 파팅에 대한 손가락의 위치를 말한다. 이 위치는 커트된 라인을 만드는데 사용된다. 손가락과 가위 위치에는 두 가지가 있는데 평행과 비평행이다.

1) 평행 손가락 위치(parallel finger position)

모발을 조절하는 손가락은 베이스 파팅에 평행하게 놓여진다. 가위가 손가락을 따르기 때문에 또한 평행 커트로도 알려져 있다. 이런 방식으로 커트하면 의도한 선을 가장 완벽하게 만들 수 있다.

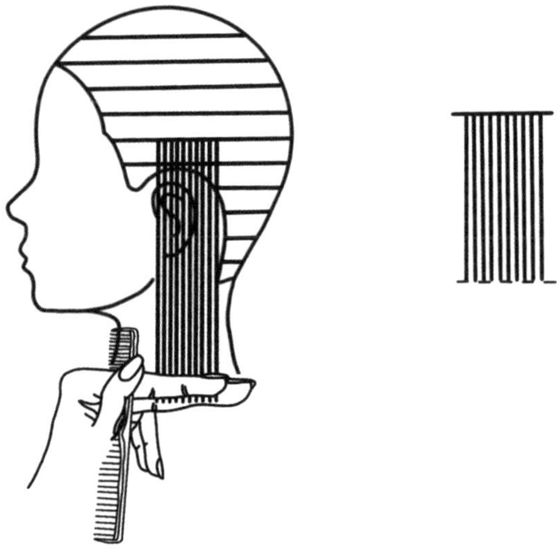

2) 비평행 손가락 위치(nonparallel finger position)

베이스 파팅에 대해 손가락을 비평행하게 놓는 것을 비평행 커트라고 부른다.
이 위치는 과장된 길이의 증가를 만들고, 대조되는 길이를 연결시키고 무게감의 형성을 조절하는데 사용된다.
어떠한 손가락 위치가 사용되든지 간에, 특정 부분을 커트하는 동안 일반적으로 일관되게 유지된다. 손가락은 디자인 라인이 보이도록 놓여진다.

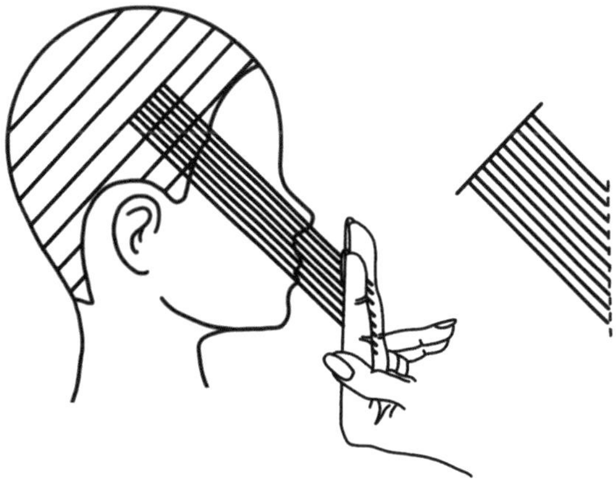

12장 두상 부위별 커트 종류 구분하기

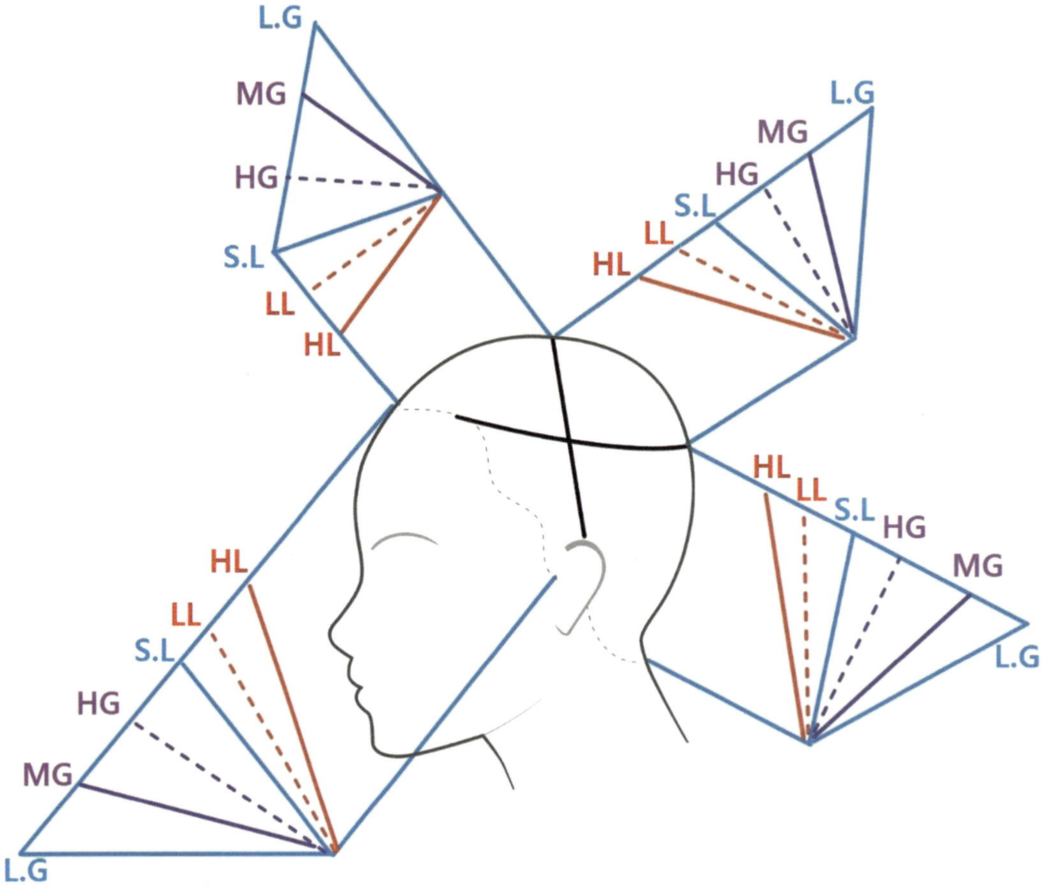

① 로우 그래쥬에이션(LG)

② 미디움 그래쥬에이션(MG)

③ 하이 그래쥬에이션(HG)

④ 유니폼(세임) 레이어(SL)

⑤ 로우 레이어(LL)

⑥ 하이 레이어(HL)

13장 아웃라인

1) 수평라인(horizontal Line) : 기울이지 않고 편평한 상태로 동일선상에 떨어지는 라인

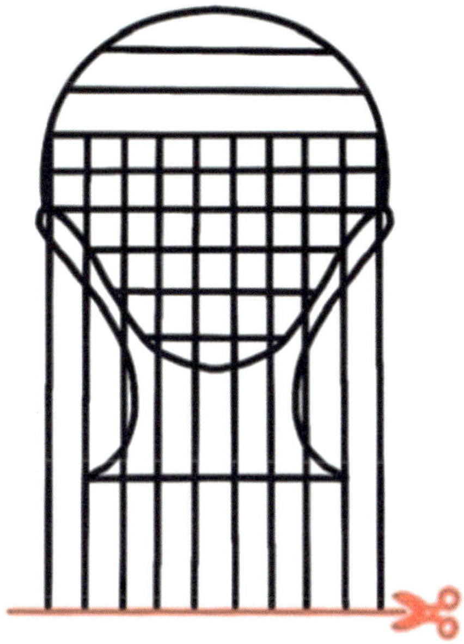

2) 우대각 라인(diaconal right line) : 오른쪽으로 향하는 대각선

3) 좌대각 라인(diaconal left line) : 왼쪽으로 향하는 대각선

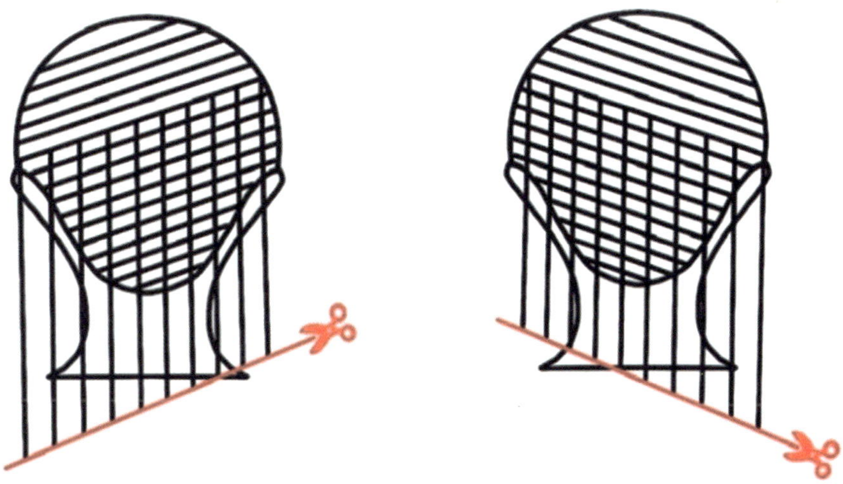

4) 전대각 : 얼굴을 향하는 대각선

5) 후대각 : 백쪽으로 향하는 대각선

6) 컨케이브 라인(concave line) : 컨케이브 라인은 반구의 내부처럼 안쪽으로 휘어 있다.

7) 컨벡스 라인(convex line) : 컨벡스 라인은 반구의 외부처럼 바깥으로 휘어 있다.

컨케이브(오목곡선)

컨벡스(볼록곡선)

14장 헤어커트 기법 종류

1) 가위기법의 종류

(1) 블런트 커트(blunt cut)

모발을 직선으로 자르는 커트 기법으로 모발 끝이 일률적으로 반듯하게 잘리며 무게감이 있는 커트선을 만들기 용이하며, 모발 손상이 적고 잘린 부분이 명확하며 모발에 힘이 있다. 일반적으로 일반 가위를 사용한다.

(2) 콤 컨트롤(comb control)

커트 시 손으로 모발을 잡지 않고 빗을 따라 커트하는 기법으로 최소한의 텐션이 들어간다.

(3) 프리 핸즈(free hands)

모발에 빗과 손을 대지 않고 디자인 라인을 커트하는 기법이다.

(4) 나칭(notching cut)

가위의 각도를 45°가 되도록 비스듬히 커트하는 기법으로 아웃라인이 삼각형의 연속적인 톱니바퀴 모양이 된다.

커트 후 아웃라인이 자연스러운 느낌을 낼 수 있다. 포인트 기법이라고도 한다.

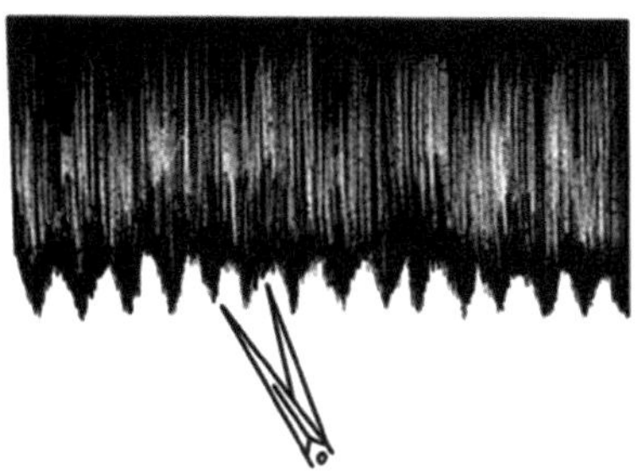

(5) 트위스트 커트(twist cut)

모발 다발을 꼬아서 외곽만 커트하는 기법으로 모량이 뭉쳐있는 부분에 사용하고, 브릭 커트와 같이 모량을 제거하고 싶은 곳에 모량이 제거되는 길이를 자유롭게 설정할 수 있다. 하지만 꼬인 모발의 커트하는 깊이에 따라 제거되는 모량이 달라지고, 깊이 잘랐을 때 모발의 길이가 모두 잘려나갈 수 있으므로 주의해야 한다.

(6) 크로스 체크(cross check)

원래 파팅 라인에서 반대 라인으로 정확도를 기하기 위해 체크하는 방법이다. 원래 파팅 라인에서 십자형이 되도록 파팅한다.

(7) 슬라이드 커트(slide cut)

머리를 수직으로 커트하기 위해 가위를 머리 가닥을 따라 미끄러뜨려 사용하는 커팅 기법으로 머리 길이 차를 급격히 할 필요가 있을 때 사용한다.

C자형의 곡선형 커트 테크닉으로 날을 1/3 정도 벌린 채 모발을 넣어 가위가 미끄러지면서 원을 그리듯이 커트하는 기법으로, 불규칙한 움직임이나 가벼운 이미지를 표현할 때 사용된다. 컬이 있는 스타일에서는 더 많은 운동감과 확장감을 가지며 레저 효과를 나타내기도 하며 슬리더링(slithering)이라고도 한다.

마른 모발에 작업도 가능하지만 모발 손상의 방지를 위해 젖은 모발에 행하는 것이 용이하다.

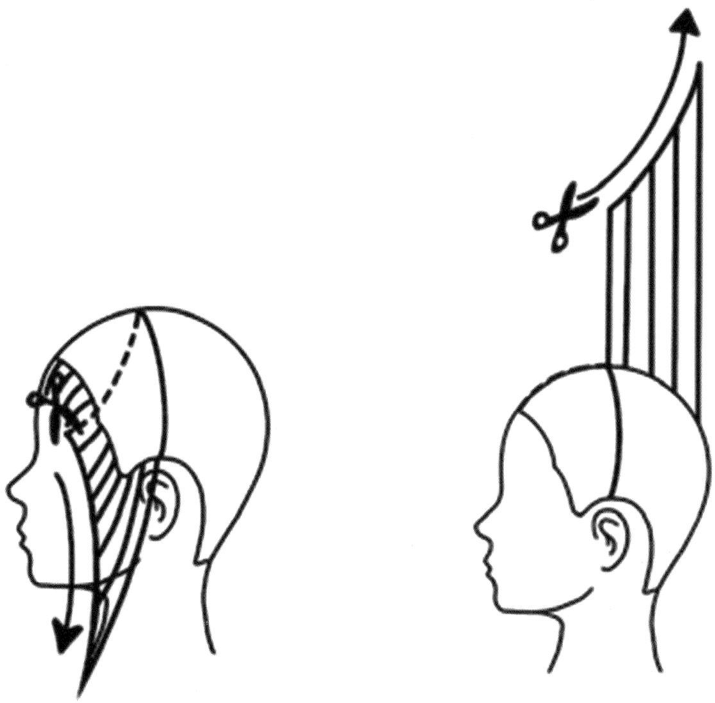

(8) 전환레이어링 기법 : 어느 한 면으로 집중하여 커트하는 기법

(9) 평면커트 기법 : 어느 한 면을 편평하게 커트하는 기법

2) 레져 테크닉(razor technique)

(1) 레져 에칭(razor etching)

두발의 길이와 무게감을 줄이기 위하여 표면을 커트하는 방법으로 스트랜드의 옆쪽 또는 스트랜드의 겉면에서 커트해 간다. 모발 위쪽에 레져를 두고, 모발을 쳐내듯이 밑으로 밀어 커트하는 기법이다.

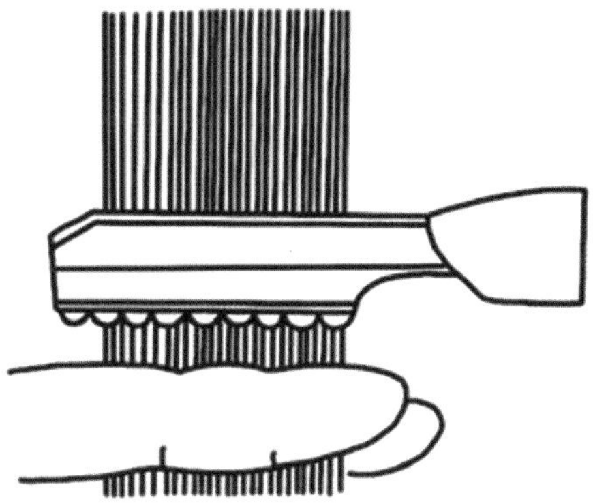

(2) 레져 아킹(razor arching)

모발 안쪽에 레져를 두고 반원형을 그리며 아크를 그리듯 스트랜드를 위로 올리며 커트하는 동작이다. 이 기법은 머리 모서리 부분을 부드럽게 테이퍼하여 정확한 라인을 만들어 준다.

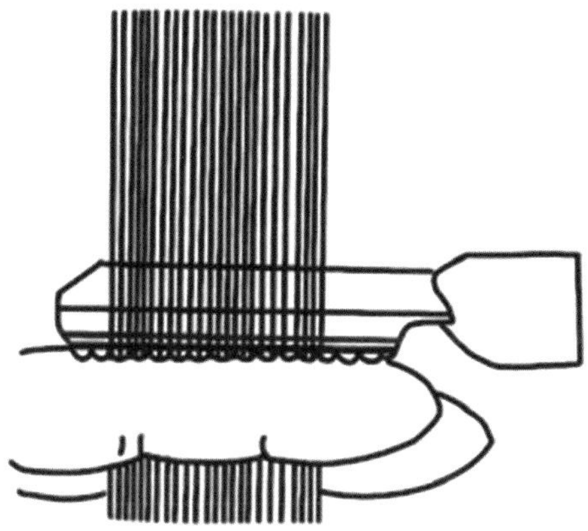

(3) 레져 필링(razor pilling)

크라운과 탑의 모발 끝에 레져를 감자 깎듯이 뜯어내며 커트하는 기법이다.

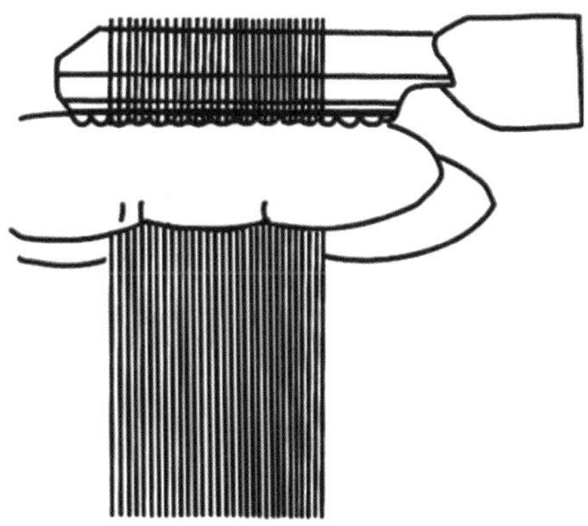

15장 질감 기법

모발의 길이를 유지하면서 두상의 골격 보정이나 커트 스타일의 완성도를 높이면서 표면 이미지를 만들기 위하여 실루엣의 시각적, 촉각적 느낌을 살리는 모발 감소 작업으로 움직임과 볼륨감, 무게감, 입체감을 조절하기 위해 다양한 도구를 적절하게 사용한다. 도구는 커트 가위, 틴닝 가위, 레이저를 이용하여 질감 처리를 한다.

가위를 사용하여 질감 처리를 하는 방법은 슬리더링(slithering), 스트록 커트(stroke cut), 슬라이싱(slicing), 슬라이드 커트(slide cut), 나칭 커트(notching cut), 포인트 커트(point cut), 브릭 커트(brick cut) 등이 있다.

틴닝 가위를 사용하여 질감 처리를 하는 방법은 루트 틴닝(rots thinning), 이너 틴닝(iner thinning), 라인 틴닝(line thinning)으로 구분된다.

레이저를 사용하여 질감 처리를 하는 방법은 베벨-업 기법, 베벨-언더 기법, 레자회전 기법 등으로 구분된다. 질감처리는 테이퍼링이라고도 불리며 크게 3가지로 구분된다.

앤드 테이퍼링 (and tapering)	모발의 1/3 부분, 모발 끝을 가볍게 해서 부피감은 줄고 생동감이 생기며, 무게선을 부드럽게 하며 자연스럽게 연결해준다.	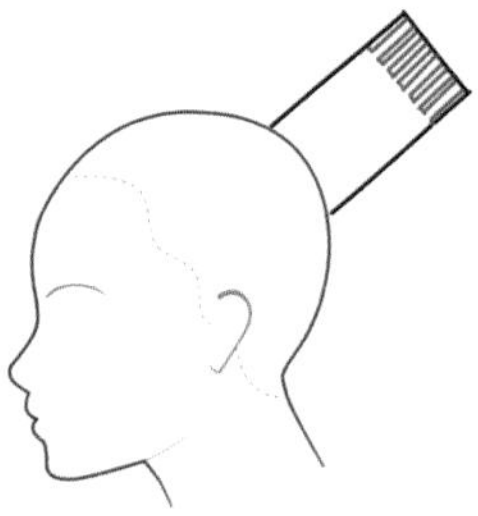	포인팅 기법, 스트록 기법, 세임 틴닝, 라인틴닝 기법, 베벨-언더 기법, 레자회전 기법 등이 있다.
노멀 테이퍼링 (nonal tapering)	모발의 1/2 부분의 숱을 쳐내 부피감을 줄이고 모발이 두상에 평평하게 붙도록 하며, 커트 골격에 들어간 부분에 볼륨감을 주고 움직임을 살린다.		슬라이싱 기법, 스트록 기법, 슬라이드 기법, 이너 틴닝 기법, 세임 틴닝, 레자 회전 기법 등이 있다.
딥 테이퍼링 (deep tapering)	보통 베이스 근처나 2/3 부분, 모근 쪽에 사용되어 확장이나 볼륨감, 모류 조절이나 모류각도가 들떠있을 때 사용하며, 모발이 두상의 표면에서부터 들려지게 한다. 짧은 머리는 긴 머리를 받쳐준다.	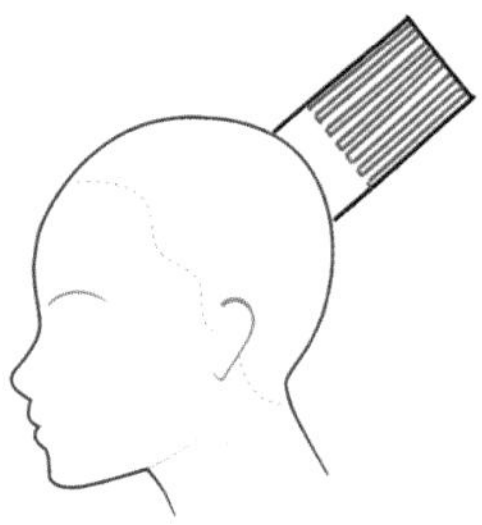	스트록 기법, 슬라이드 기법, 슬라이싱 기법, 루트 틴닝, 세임 틴닝 기법 등이 있다.

1) 가위 기법의 종류

(1) 포인팅 기법(pointing)

모발 끝에서 스트랜드를 잡고 가위를 세로로 넣어 질감처리하는 기법으로 모발 끝 자유로운 움직임을 표현하기 위해 가위를 이용하는 테크닉이다. 가위가 들어가는 깊이와 횟수에 따라 질감이 달라진다. 드라이가 끝난 다음 마무리 기법에서 주로 사용한다.

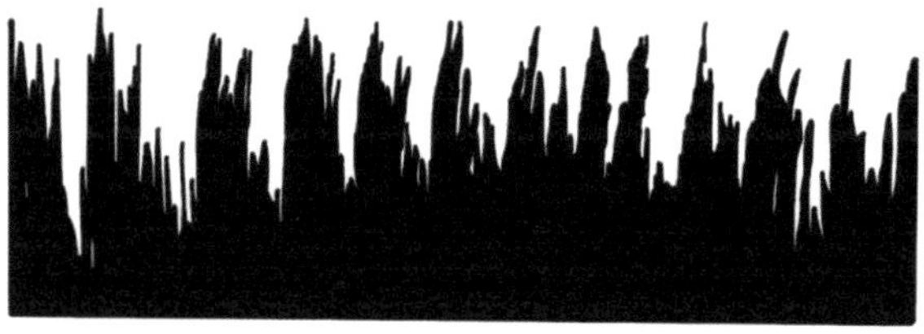

(2) 딥 포인팅(deep pointing)

포인팅보다 가위를 깊이 넣어 모량을 제거하는 기법으로 드라이가 끝난 다음 마무리 기법에서 주로 사용한다.

(3) 슬라이싱(slicing)

머리 다발을 왼손으로 잡고 모발 끝이 흩어지는 느낌을 연출하기 위한 테크닉으로 scissors가 모발 끝을 향해 미끄러지듯이 밀어 쳐내는 기법으로 머리 질감을 만드는 기법이다.

가위의 벌린 정도에 따라 모발 끝부분에 길고 짧은 단차를 주고, 불규칙한 움직임이나 가벼운 이미지 연출을 하고자 할 때 사용된다.

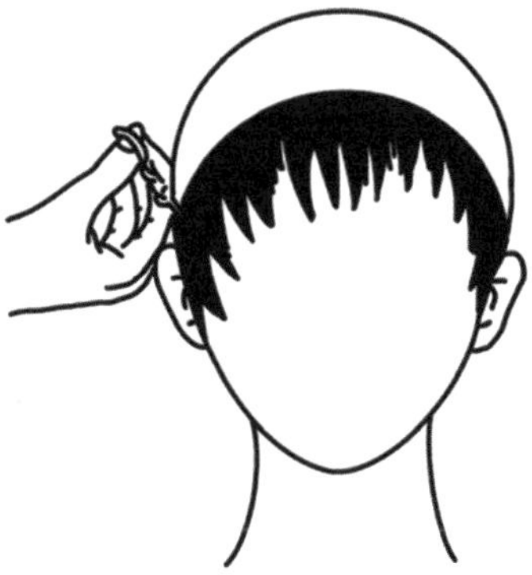

(4) 스트록 컷(stroke cut)

가위를 사용하여 모발 단면이 잘려나가는 테이퍼링(tapering) 효과를 줄 수 있는 커트 테크닉이다. 스트랜드를 잡고 모발 끝에서 모근 쪽으로 커트하거나 왼쪽에서 오른쪽으로 커트하는 등 방향에 따른 다운 스트록(down stroke), 업 스트록(up stroke)이 있다. 가위를 개폐하면서 커트해 나가는데 모근으로부터 멀리 가위를 끌어당기면서 다시 여는 동작을 반복하여 커트한다. 스트록 컷을 하는 동안에는 가위를 조금씩 닫으면서 커트하며, 너무 많이 닫으면 가위가 닫히는 양만큼 모발이 제거되므로 주의한다.

① **쇼트 스트록(short stroke) :** 가위의 각도가 0~10° 정도의 움직임으로 쳐내는 방법이다. 스트록되는 양이 적어 모발의 길이를 짧게 하지 않으면서 전체적으로 두발의 숱을 감소시킨다.

② **미디움 스트록(medium stroke)** : 가위의 각도가 10~45° 정도의 움직임으로 쳐내는 방법이다. 스트록되는 양이 중간 정도의 깊이로 이루어져 활동적인 율동감을 표현한다.

③ **롱 스트록(long stroke)** : 가위의 각도가 45~90° 정도의 움직임으로 쳐내는 방법이다. 쳐내는 모발의 양이 많으므로 모발의 움직임이 자유로워 매우 가벼운 느낌을 준다.

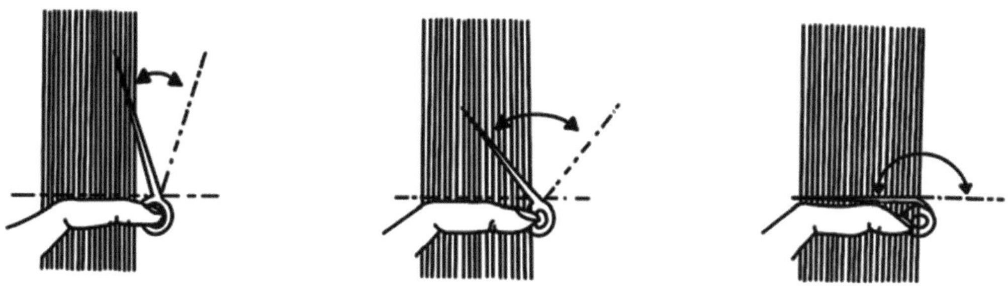

쇼트 스트록 (short-stroke) | 미디움 스트록 (medium-stroke) | 롱 스트록 (long-stroke)

(5) 채널링 컷(channeling cut)

질감 표현의 한 방법으로 커트된 모발 속에 깊이 가위를 넣어 극단적인 모량 감소를 할 수 있다. 가위를 벌려 모발 속으로 가위를 닫으면서 아래로 내려온다.

(6) 블럭 커트(block cut)

질감 테크닉으로 벽돌을 쌓는 것과 같이 패널 위에 지그재그로 간격을 띄어서 가위집을 내서 모량을 제거하는 기법으로, 모량 제거를 길게나 짧게 또는 섞어서 자유롭게 길이 설정을 할 수 있는 테크닉이다. 브릭 컷을 할 때에는 한 패널 안에서 아래로 진행할 때 같은 모발을 계속해서 집어내면 한 곳에 모량이 집중적으로 제거되므로 주의한다.

2) 레자 기법의 종류

(1) 베벨-업 기법(bevel up technique)

이 기법은 베벨링 기법을 이용해 겉머리에 질감 처리가 이루어져 모발 끝에 겉말음이 되게 한다. 스트록의 길이와 가해지는 압력은 원하는 겉말음의 양에 의해 결정된다.

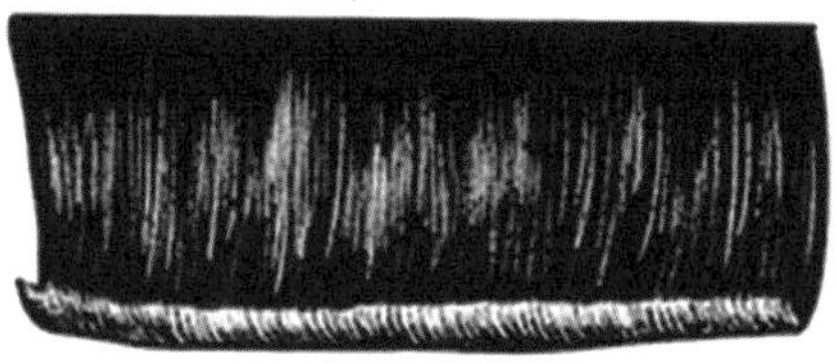

(2) 베벨-언더 기법(bevel under technique)

안말음 효과를 주기 위해서는 레져의 날을 섹션 아래에 놓고 곡선의 움직임으로 스트록한다.
스트록의 길이나 가해지는 압력은 만들고자 하는 질감에 의해 달라질 수 있다.

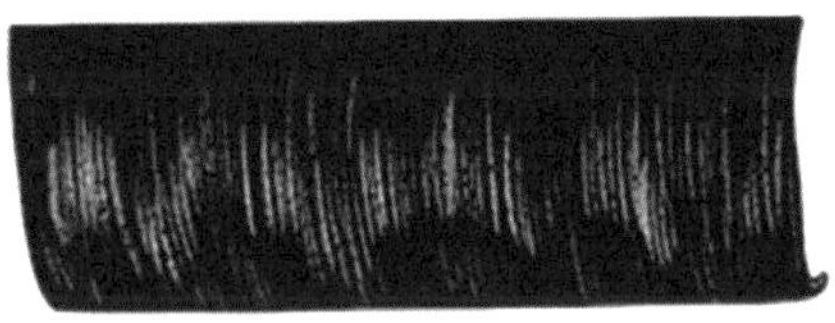

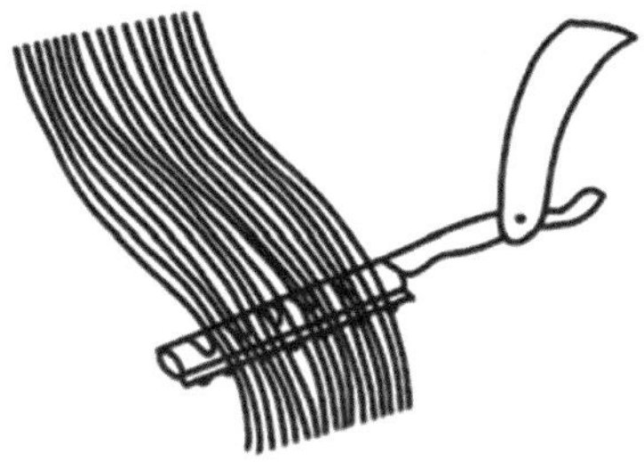

(3) 테이퍼링(tapering)

테이퍼링은 끝을 가늘게 한다는 뜻으로, 모발의 양을 조절하기 위해 머릿결의 흐름을 불규칙적으로 커트하는 과정을 말한다. 틴닝과 레저를 사용할 수 있다

(4) 보스 사이드 테이퍼링(both side tapering)

가벼운 끝맺음을 행하거나 모발을 안쪽과 바깥쪽 모두를 테이퍼하고 싶을 때 사용하는 기법이다.

(5) 레자 회전기법(razor arcing)

무게감을 줄이기 위해 레자와 빗을 사용하여 머리를 따라 회전하며 부분을 연결하거나 두상의 윤곽을 따라 머리가 붙게 하는 형을 만들 때 사용한다.

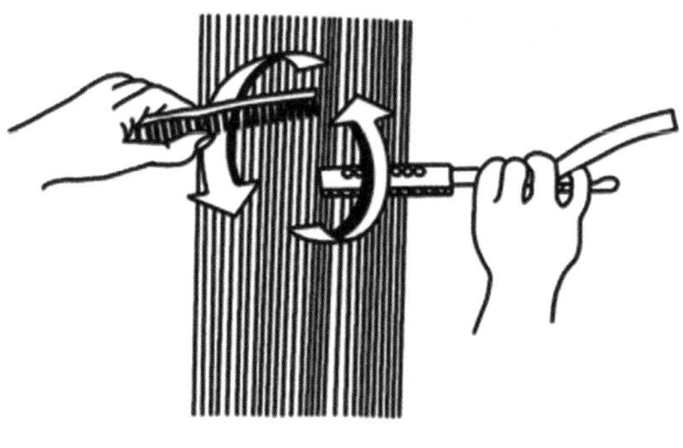

3) 틴닝 가위 기법의 종류

모량과 헤어스타일을 조절하는 가위로 커트 디자인에 따라 사용법이 달라지며, 톱니가 촘촘할수록 많은 양의 모발을 쳐내므로 커트 기법을 고려한 발수를 선택하여 사용한다.

<table>
<tr><th colspan="2">종류</th><th colspan="2">특징</th></tr>
<tr><td colspan="2">루트 틴닝
(roots thinning)</td><td>• 모근 쪽의 0.5cm 이하에서 커트하여 모류 보정, 모류가 강한 경우 보정을 위해 솎아 내는 방법으로 사용하며 모량 조절에 이용한다.
• 모류가 역행하거나 모류 각도가 들떠 있을 경우 사용힌다.</td><td>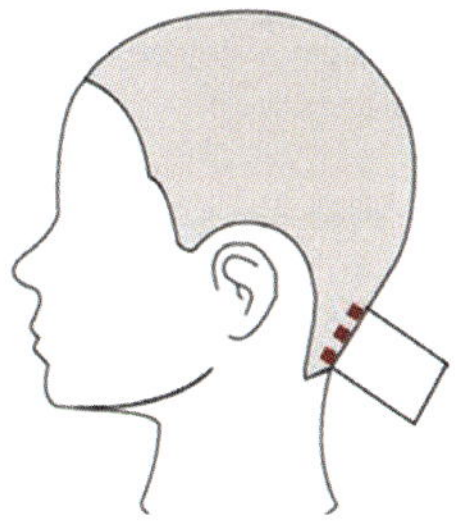</td></tr>
<tr><td colspan="2">세임 틴닝
(same thinning)</td><td>• 틴닝되는 모발의 위아래 길이가 같게 커트한다.
• 모발의 중간 지점에서부터 틴닝, 모량을 조절하여 원하는 스타일을 쉽게 만들 때 사용한다.
• 딥, 노멀, 엔드가 있다.</td><td>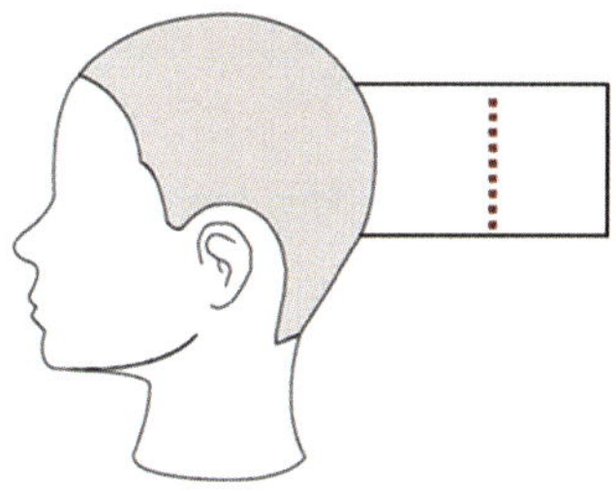</td></tr>
<tr><td rowspan="2">이너 틴닝
(inner thin-ning)</td><td>이너 그라데이션 틴닝
(inner graduation thinning)</td><td>• 틴닝되는 모발이 아래가 짧고 위가 길게 커트 골격이 들어간 부분에 볼륨감을 만들고 싶을 때 사용한다.
• 표면은 매끄럽게 두고 모량을 줄이면서 안말음 효과를 낼 때 사용한다.</td><td>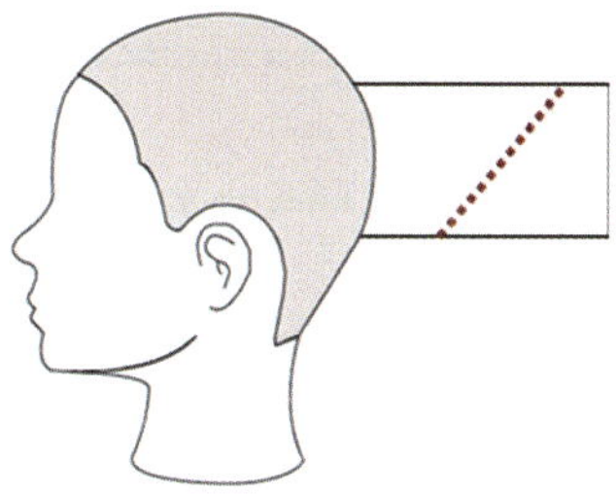</td></tr>
<tr><td>이너 레이어 틴닝
(inner layer thinning)</td><td>• 틴닝되는 모발이 아래가 길고 위가 짧게 커트 모량과 양감을 줄이고 움직임을 살리는 장점이 있으며, 겉말음 효과를 낼 때 사용한다.</td><td>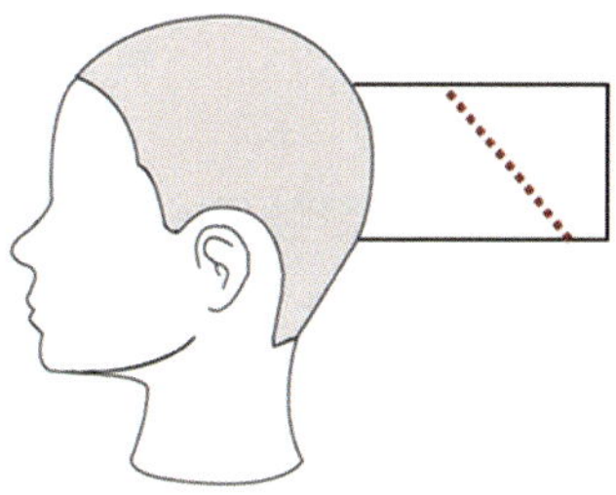</td></tr>
</table>

종류		특징	
라인 틴닝 (line thin-ning)	사이드 틴닝 (side thinning)	• 볼륨과 모발 끝의 움직임을 좌우로 만들 때 사용한다.	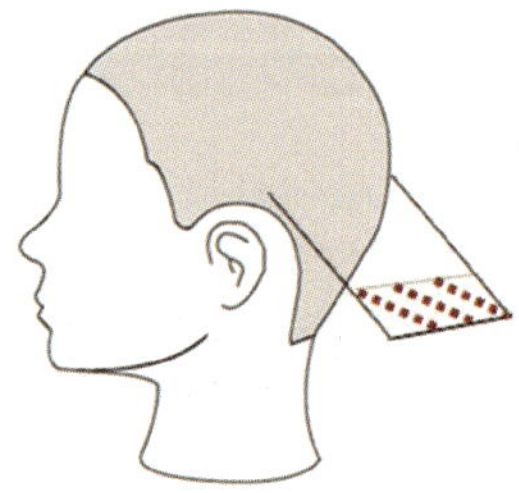
	언더 틴닝 (under thinning)	• 머리숱이 적은 모발의 볼륨과 안말음 효과를 만들 때 사용한다.	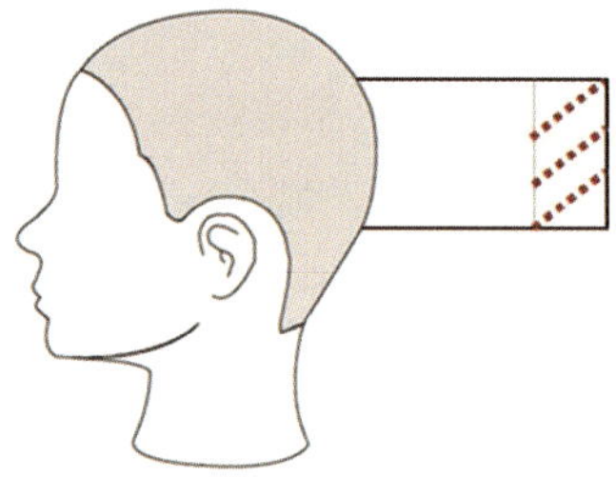
	오버 틴닝 (over thinning)	• 머리숱이 적은 모발의 뻗침이나 겉말음 효과를 만들 때 사용한다.	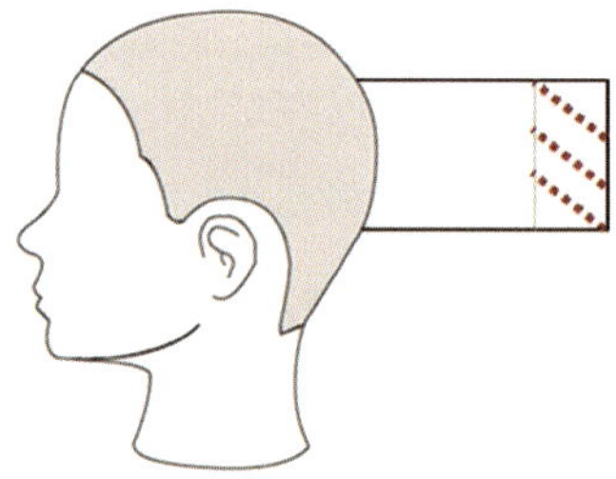

16장 미용장 실기 창작 커트

미용장 실기 창작 커트 1

자격종목	미용장	과제명	디스커넥션 혼합형 커트

1. 과제 : 창작 헤어커트

▶ **제한시간 :** 40분(준비시간 별도)

1. 요구사항

가. 요구사항에 맞게 파팅하고 머리의 길이는 제시되어 있는 길이를 따른다.

- 주어진 도해도(구조 그래픽) 및 다음 조건을 충족시키는 커트를 하시오.
- 가위로만 커트하시오(단, 질감 처리는 가위, 틴닝 가위 사용할 수 있음).
- E.T.E로 블로킹 후 진행하시오.

나. 백(back)

- 언더섹션은 왼쪽 E.P 6cm, 오른쪽 N.S.P 6cm로 우대각 중간 시술각으로 진행하시오.
- 오버섹션은 왼쪽 E.T.M.P 18cm, 오른쪽 E.P 6cm와 연결되는 낮은 시술각으로 도면과 같이 좌대각 흐름으로 하시오.

다. 사이드(side)

- 왼쪽 S.C.P 13cm와 E.P 6cm를 연결하는 전대각 라인으로 하시오.
- 오른쪽은 S.C.P 11cm와 E.P 6cm를 연결하는 전대각으로 커트하시오.

라. 프린지(fringe)

- 삼각섹션하여 왼쪽 F.S.P 13cm를 가이드로 하여 도면과 같이 오른쪽 사이드와 연결하시오.

마. 질감 처리는 이너 그라데이션으로 하시오.

바. 네이프는 프리핸드 기법으로 컨케이브 라인이 되게 마무리하시오.

자격종목	미용장	과제명	커트 (1과제)	척도	NS

2. 도면

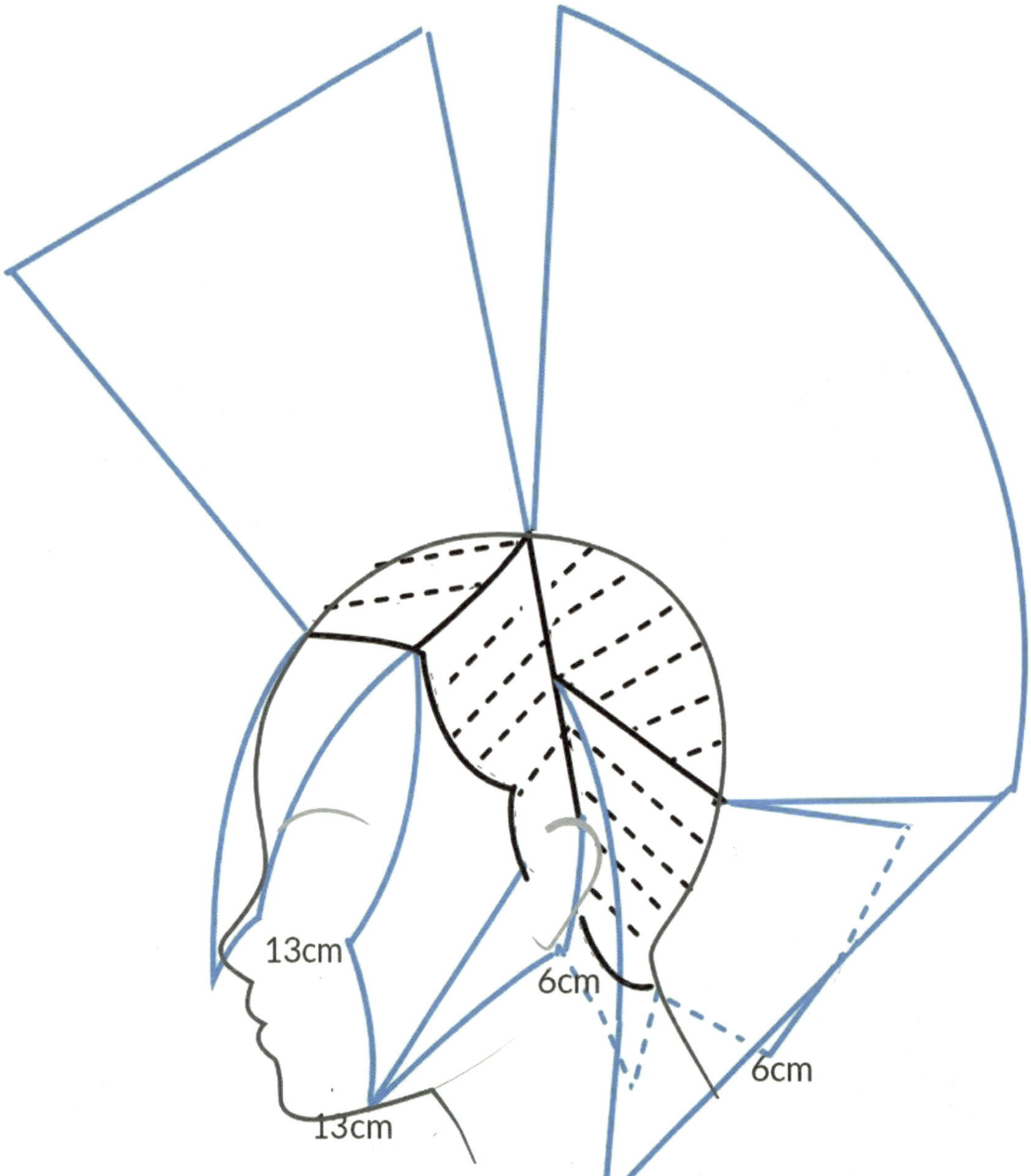
13cm
6cm
6cm
13cm
18cm

언더섹션은 왼쪽 E.P 6cm를
가이드로 N.S.P 6cm로
중간 시술각으로 우대각 커트한다.

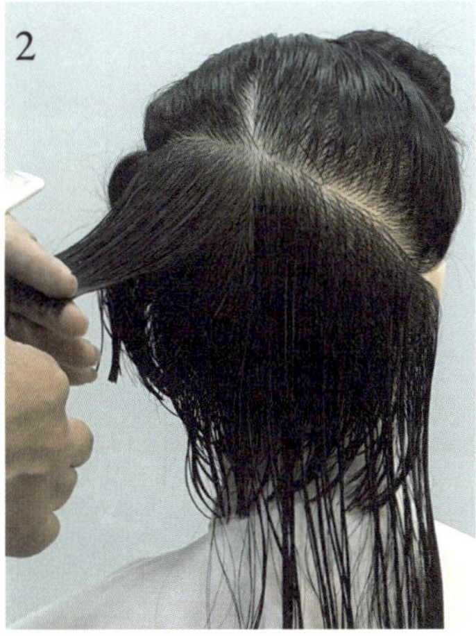

계속하여 동일하게 진행하되 중각
시술각에서 낮은 시술각으로
리프트 다운한다.

언더섹션 완성

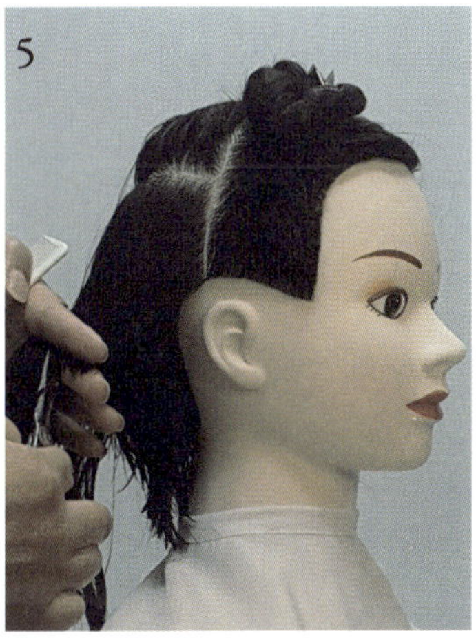

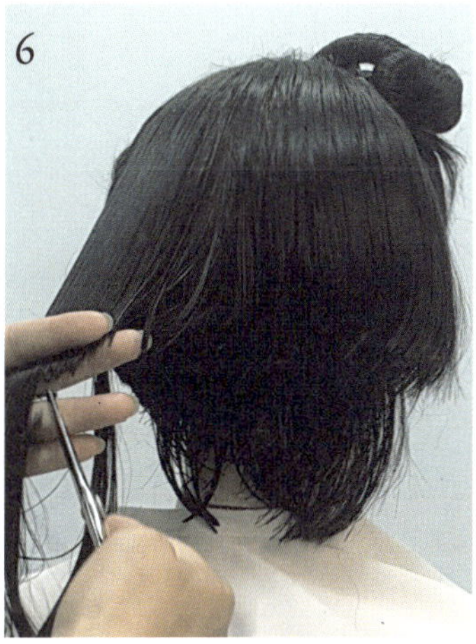

오버 섹션은 좌대각하여 오른쪽 E.P 6cm 가이드로 디스커넥션으로
왼쪽 E.T.M.P 18cm와 연결하여 커트하시오.

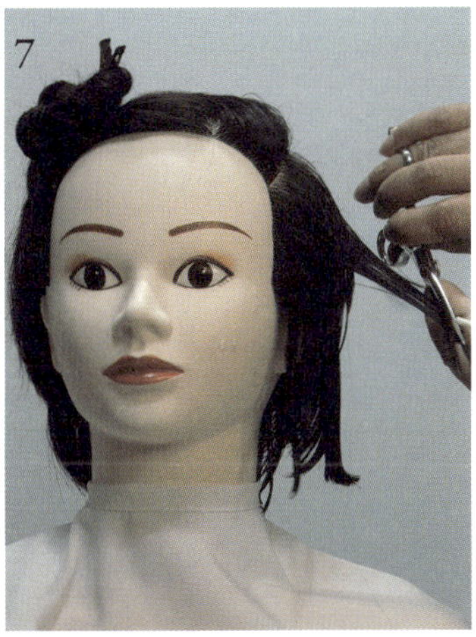

왼쪽 측두부는 전대각 파팅 후
E.P 6cm와 왼쪽 S.C.P 13cm로
가이드 설정 후 중간 시술각으로
전대각 커트한다.

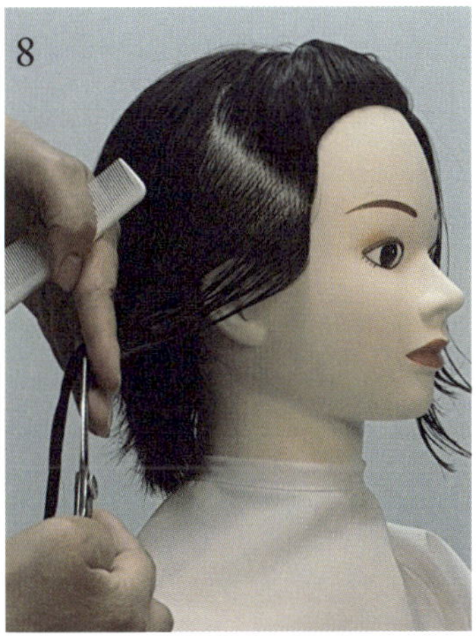

오른쪽 측두부도 전대각 파팅
후 E.P 6cm와 S.C.P 11cm로
연결하여 중간 시술각으로 동일하게
커트한다.

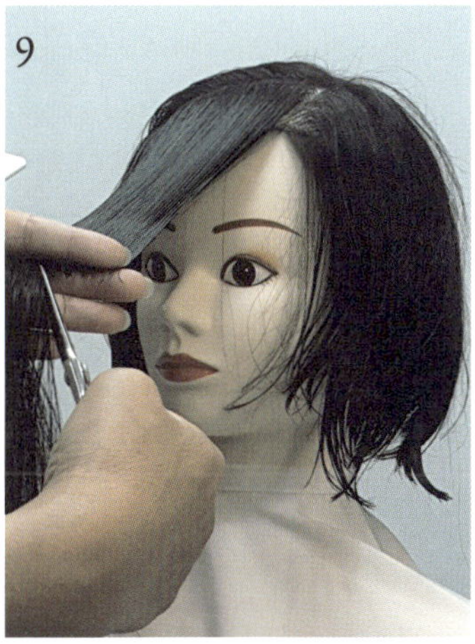

오른쪽 F.S.P와 왼쪽 C.P에서 3cm
위로 사선 파팅 후 왼쪽 F.S.P
13cm 가이드로 오른쪽으로
길어지게 커트한다.

미용장 실기 창작 커트 2

자격종목	미용장	과제명	혼합형 디스커넥 커트

1. 과제 : 창작 헤어커트

▶ **제한시간 :** 40분(준비시간 별도)

1. 요구사항

가. 요구사항에 맞게 파팅하고 머리의 길이는 제시되어 있는 길이를 따른다.

- 주어진 도해도(구조 그래픽) 및 다음 조건을 충족시키는 커트를 하시오.
- 가위로만 커트하시오(단, 질감 처리는 가위, 틴닝 가위 사용할 수 있음).

나. 후하부는 B.P 5cm, N.P 12cm로 B.P에 고정 디자인하여 레이어 커트하시오.

- 후중부는 G.B.M.P 13cm로 낮은 그래쥬에이션으로 디스커넥이 되게 진행하시오.
- 후상부는 13cm 레이어로 도면과 같이하시오.

다. 측두부는 E.T.E 블로킹하여 진행하시오.

- 오른쪽은 측중선을 가이드로 오버 다이렉션하여 S.C.P 18cm와 연결되는 전대각으로 커트하시오.
- 왼쪽은 후대각 파팅 후 후두부와 연결하여 낮은 그라데이션으로 진행하시오.

라. 전두부는 삼각섹션하여 왼쪽 F.S.P 12cm를 가이드로 하여 도면과 같이 오른쪽이 길어지게 연결하시오.

마. 전체적인 스타일이 연결되도록 질감 처리는 스타일의 완성도를 위해 후하부는 세임 틴닝, 후중부는 이너 틴닝, 후상부는 세임 틴닝으로 측두부, 전두부 이너 틴닝으로 마무리하시오.

자격종목	미용장	과제명	커트 (1과제)	척도	NS

2. 도면

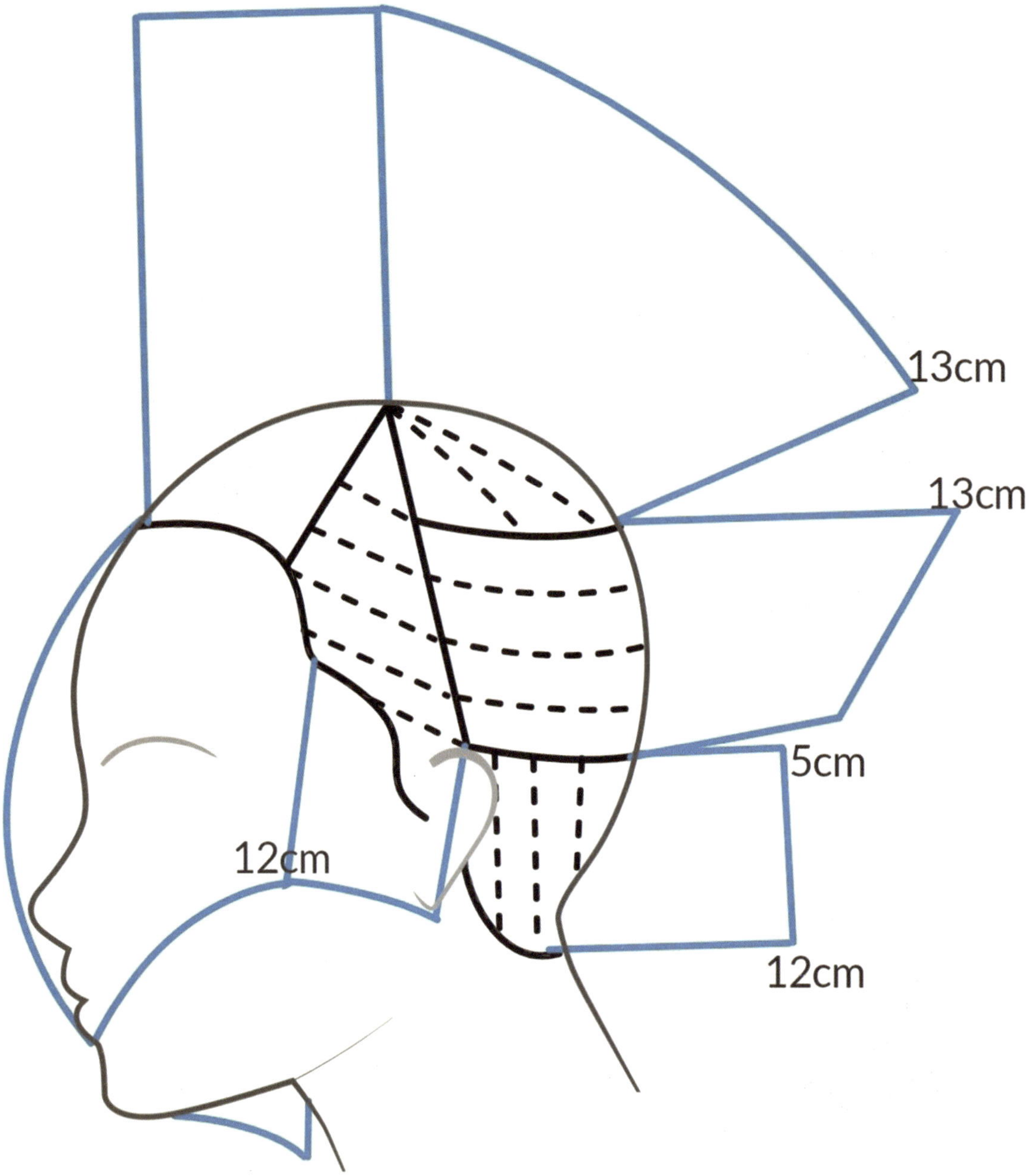
13cm
13cm
5cm
12cm
12cm

1

후하부는 B.P 5cm를 가이드로
고정 디자인으로
인크리스 레이어 커트 진행한다.

2

언더섹션 완성

3

후중부는 G.B.M.P에서
13cm를 가이드로 디스커넥션하여
그래쥬에이션 커트한다.

4

후상부는 G.B.M.P의 13cm를
가이드로 레이어 커트 진행한다.

5

오른쪽 측두부는 E.T.E를 가이드로
S.C.P 18cm로 연결되게 90도로
커트하여 전대각 라인이 되게 한다.

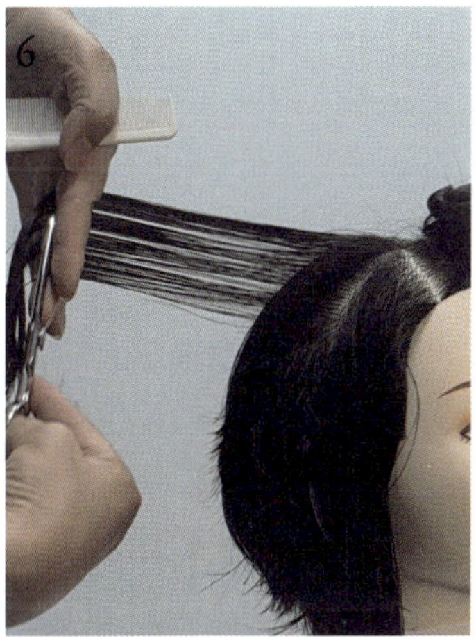

6

계속해서 진행한다.

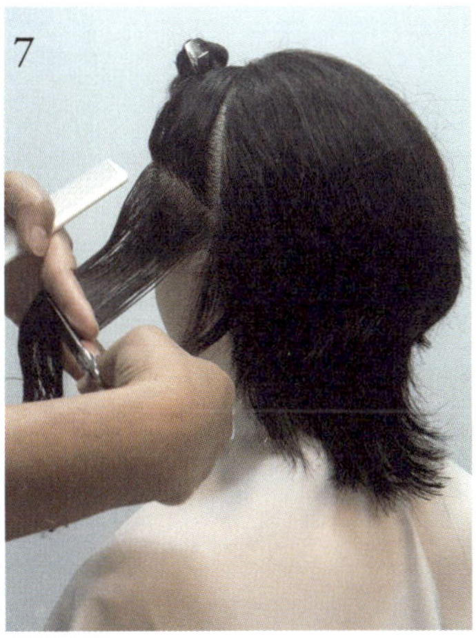

7

왼쪽 측두부는 후대각 파팅 후
후두부와 연결하여
낮은 그래쥬에이션 커트한다.

8

전두부는 왼쪽 F.S.P 12cm를
가이드로 하여 왼쪽 F.S.P 쪽으로
당겨서 커트 진행한다.

9

질감 처리 후 완성한다.

미용장 실기 창작 커트 3

자격종목	미용장	과제명	혼합형 디스커넥 커트

1. 과제 : 창작 헤어커트

▶ **제한시간 : 40분**(준비시간 별도)

1. 요구사항

가. 요구사항에 맞게 파팅하고 머리의 길이는 제시되어 있는 길이를 따른다.

- 주어진 도해도(구조 그래픽) 및 다음 조건을 충족시키는 커트를 하시오.
- 가위로만 커트하시오(단, 질감 처리는 가위, 틴닝 가위 사용할 수 있음).

나. 후두부(언더섹션은 슬라이싱 기법, 미들, 오버섹션은 나칭 기법으로 하시오)

- 언더섹션은 B.P 약 4cm, N.P 6cm 레이어로 커트하되 켄케이브 라인이 되게 하시오.
- 미들섹션은 B.P 4cm를 기준으로 후대각 파팅하여 유니폼 레이로 하시오.
- 오버섹션은 피봇 파팅하여 T.P 길이가 B.P 4cm에 떨어지는 길이로 가이드 설정 후 디스커넥션 전대각 라인으로 하시오.

다. 측두부 (좌, 우)

- E.T.E 섹션하여 S.P까지 후대각으로 파팅 후 S.P 약 5cm, S.C.P 약 4cm 하여 후두부 미들섹션과 연결하고, 나머지는 후두부 오버섹션과 연결하여 On Base로 도면과 같이하시오.

라. 프린지는 C.T.M.P에서 F.S.P까지 삼각섹션으로 도면과 같이 연결하는 커트하시오.

마. 전체적인 스타일이 연결되도록 질감 처리는 이너 그라데이션 틴닝으로 하시오.

바. 네이프는 프리핸드 기법으로 컨케이브 형태가 되게 마무리하시오.

자격종목	미용장	과제명	커트 (1과제)	척도	NS

2. 도면

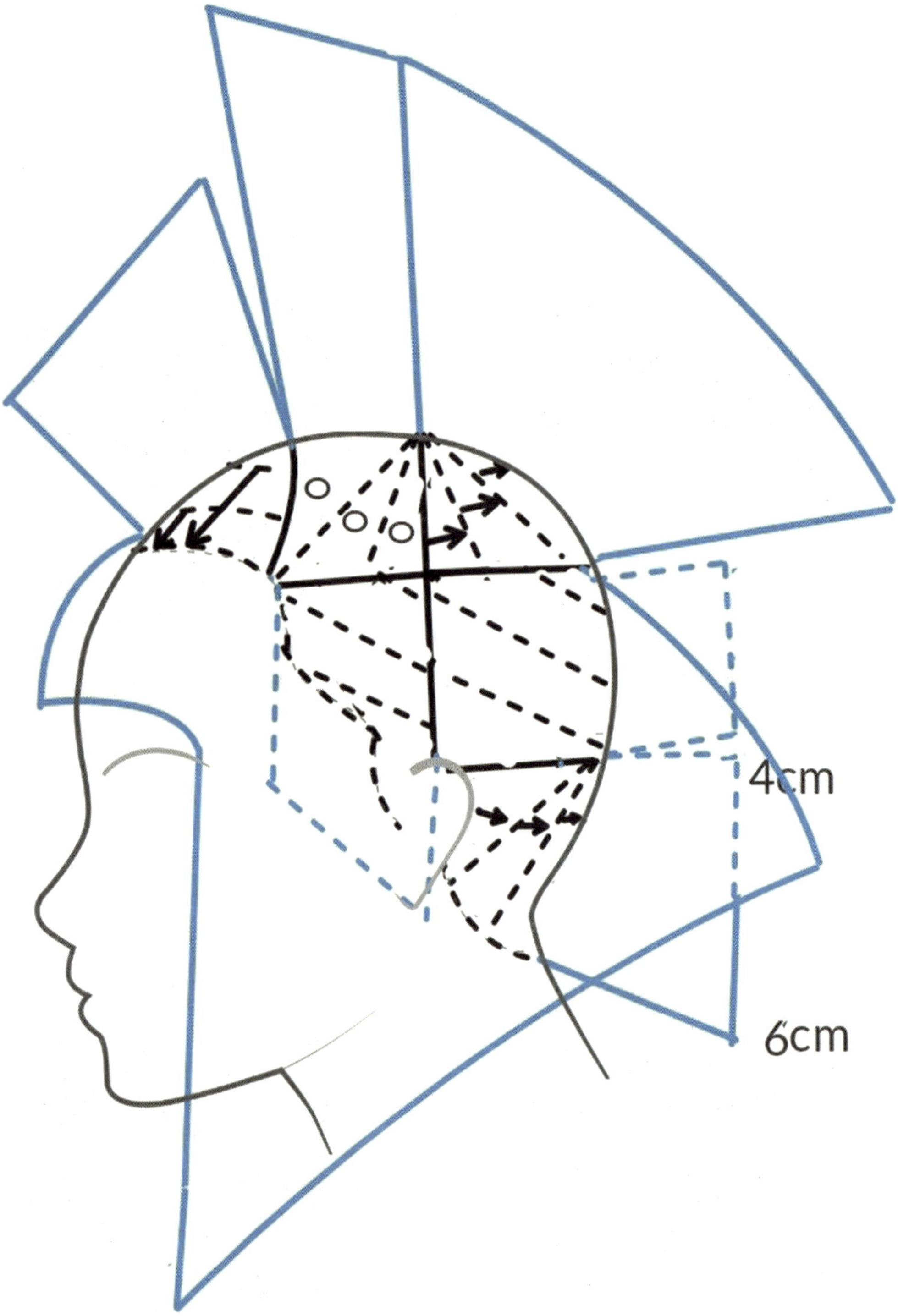
4cm
6cm

언더섹션은 B.P 4cm를 가이드로
N.P 6cm가 되게 슬라이싱 기법으로
진행한다.

피봇 파팅 후 슬랑이싱 기법으로
Side Base 진행한다.

미들섹션은 후대각으로 파팅 후
B.P 4cm를 가이드로 나칭 기법으로
유니폼 커트한다.

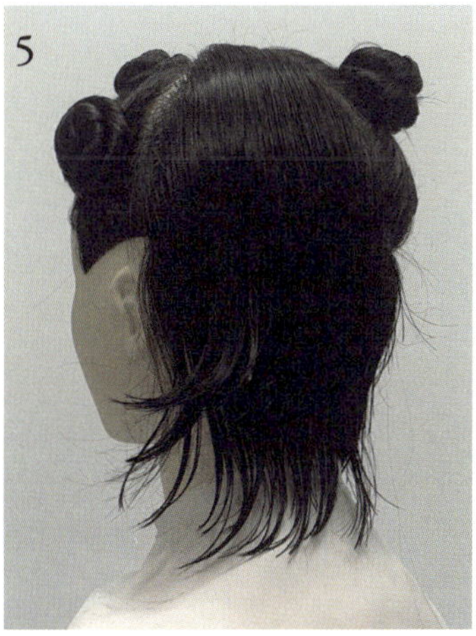

오버섹션은 피봇 파팅 후 T.P 길이가 B.P 4cm 길이 떨어지는 위치에
가이드 설정 후 Side Base로 그라데이션으로
디스커넥션 커트한다(나칭 기법 사용).

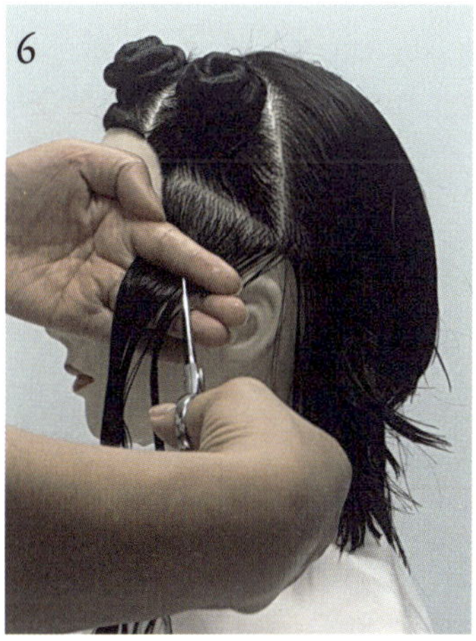

Side는 S.P까지 후대각 파팅 후
후두부의 미들섹션과 연결하여
커트한다.

사이드 커트 완성

F.S.P까지 동일하게 커트하고
나머지 남은 부분은 피봇 파팅 후
오버섹션과 연결하여 On Base로
레이어 커트한다.

양쪽 F.S.P와 C.T.M.P 연결하는
삼각섹션하여 수평 커트하시오.

미용장 실기 창작 커트 4

자격종목	미용장	과제명	콤비네이션 디스커넥 커트

1. 과제 : 창작 헤어커트

▶ **제한시간 : 40분**(준비시간 별도)

1. 요구사항

가. 요구사항에 맞게 파팅하고 머리의 길이는 제시되어 있는 길이를 따른다.

- 주어진 도해도(구조 그래픽) 및 다음 조건을 충족시키는 커트를 하시오.
- 가위로만 커트하시오(단, 질감 처리는 가위, 틴닝 가위 사용할 수 있음).

나. 백(back)

- 왼쪽 E.P와 오른쪽 E.B.P를 사선 파팅한 후 작업을 진행하시오.
- 언더존은 약 N.P 6cm를 가이드로 B.C를 유니폼 레이어로 가이드 설정 후 전체 네이프라인이 컨케이브가 되게 도면과 같이하시오.
- 미들존은 G.B.M.P 9cm 가이드 설정하여 유니폼 레이어로 도면과 같이하시오.
- 오버존은 T.P 16cm, G.B.M.P 13cm로 도면과 같이 그라데이션하시오.

다. 사이드(side) –왼쪽은 네이프 사이드라인 재커트 후 진행하시오.

- 이어투이어 섹션 후 E.P 6cm와 S.C.P 9cm를 연결하는 전대각 라인으로 슬라이싱 커트하시오.
- 오른쪽은 E.P 6cm와 S.C.P 12cm를 연결하는 전대각 커트하시오.

라. 프린지는 삼각섹션으로 도면과 같이 오른쪽이 길어지게 연결하는 커트하시오.

마. 전체적인 스타일이 연결되도록 질감 처리는 엔드 테이퍼링으로 하시오.

자격종목	미용장	과제명	커트 (1과제)	척도	NS

2. 도면

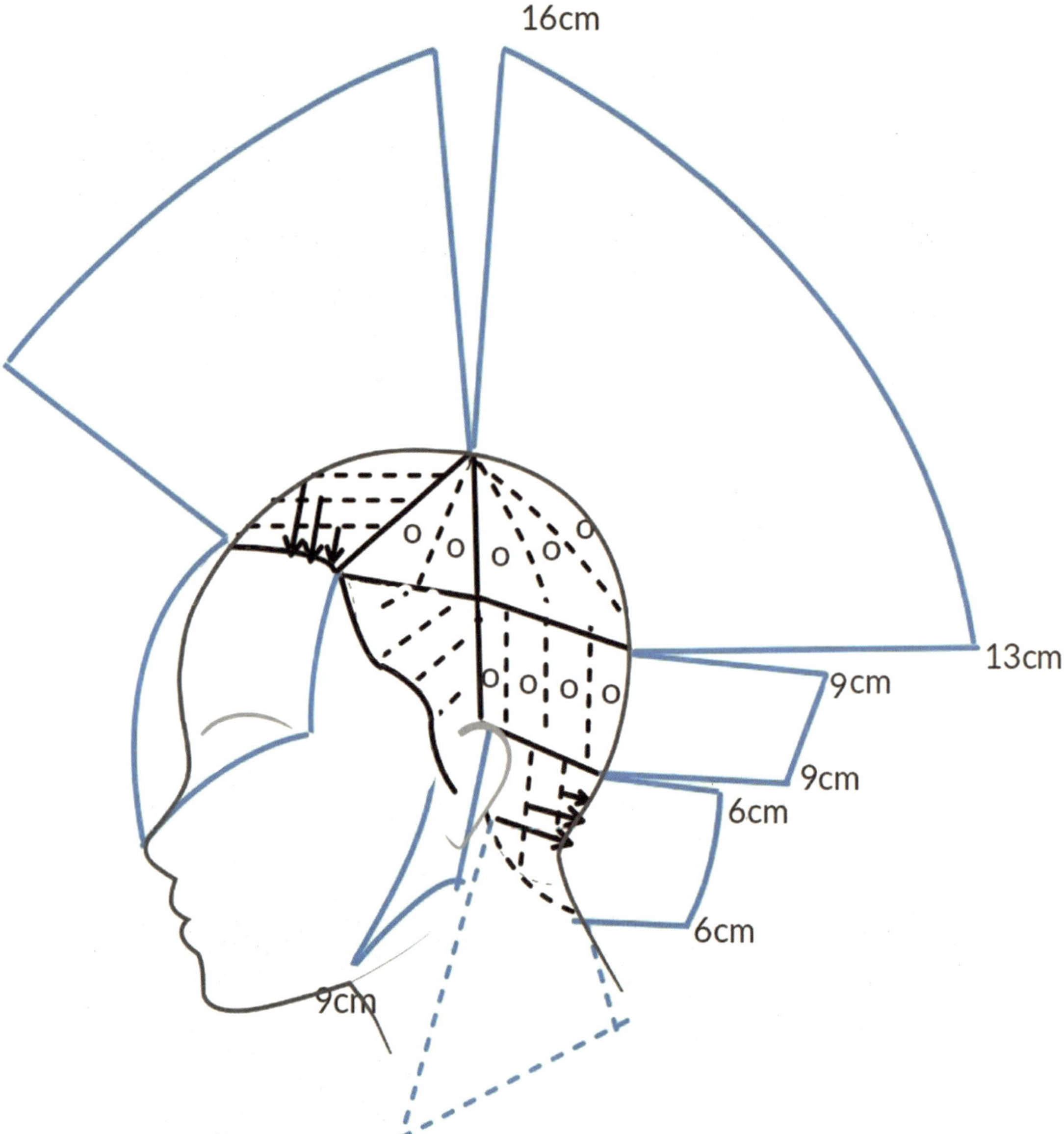
16cm
13cm
9cm
9cm
6cm
6cm
9cm

언더섹션 왼쪽 E.P~오른쪽 E.B.P 쪽으로 15도 사선 섹션으로 나눈 후 6cm 유니폼 가이드 설정 후 정중선으로 고정 디자인하여 수직 커트한다. 언더섹션 커트 후 E.P 6cm를 가이드로 네이프 사이드라인 쪽으로 OD하여 슬라이싱하시오.

미들섹션은 G.B.M.P까지 섹션 후 9cm 가이드 설정으로 디스커넥션 하여 유니폼 레이어 커트한다.

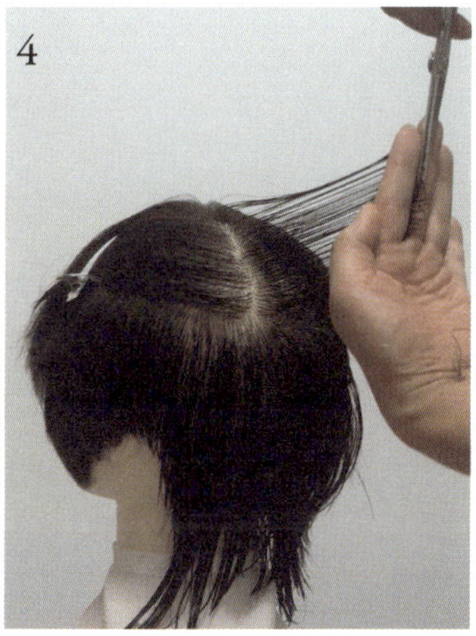

오버섹션은 피봇 파팅 후 T.P 16cm에서 G.B.M.P 13cm로 그라데이션 커트 후 전체 On Base로 진행한다.

Side는 S.P 쪽으로 사선 파팅 후 E.P를 가이드로 도면과 같이 9cm와 연결하면서 슬라이싱 커트한다. 나머지 동일하게 사선 파팅 후 커트한다.

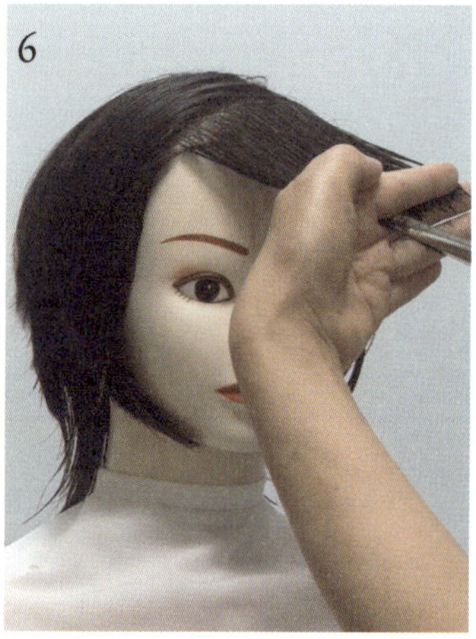

F.S.P 삼각 베이스 섹션으로 사선 파팅 후 왼쪽 F.S.P를 가이드로 파팅과 수평으로 커트 진행하여 왼쪽에서 오른쪽으로 흐르는 선을 만든다.

미용장 실기 창작 커트 5

자격종목	미용장	과제명	디스커넥션 혼합형 커트

1. 과제 : 창작 헤어커트

▶ **제한시간 : 40분**(준비시간 별도)

1. 요구사항

가. 요구사항에 맞게 파팅하고 머리의 길이는 제시되어 있는 길이를 따른다.

- 주어진 도면 및 다음 조건을 충족시키는 커트를 하시오.
- 가위로만 커트하시오(단, 질감 처리는 가위, 틴닝 가위 사용할 수 있음).

나. 백(back)

- 언더, 미들, 오버로 파팅한 후 작업을 진행하시오.
- 언더존은 피봇 파팅 후 B.P 약 5cm, N.P 약 7cm로 가이드 설정 후 한패널 뒤로 OD하여 나칭 커트하시오.
- 미들존은 위쪽 6cm와 아래쪽 10cm를 연결하는 도면과 같이 디스커넥 커트하시오.
- 오버존은 14cm 유니폼 레이어 커트하시오.

다. 사이드(side)

- E.T.E 섹션 후 F.S.P까지 다시 가로 섹션으로 나누어서 작업하시오.
- 왼쪽 F.S.P 아래쪽은 S.C.P 14cm로 측중선을 중심으로 피봇 파팅하여 한패널 OD하여 커트하시오.
- 오른쪽은 측중선을 가이드로 고정 디자인하여 수직으로 커트하시오.
- 나머지 side는 가로 파팅 후 T.P 14cm 가이드로 위로 똑바로 하시오.

라. 프린지는 T.P에서 양쪽 F.S.P 연결하는 삼각 섹션으로 왼쪽 F.S.P 6cm와 T.P 14cm를 연결하여 도면과 같이 하시오.

자격종목	미용장	과제명	커트 (1과제)	척도	NS

2. 도면

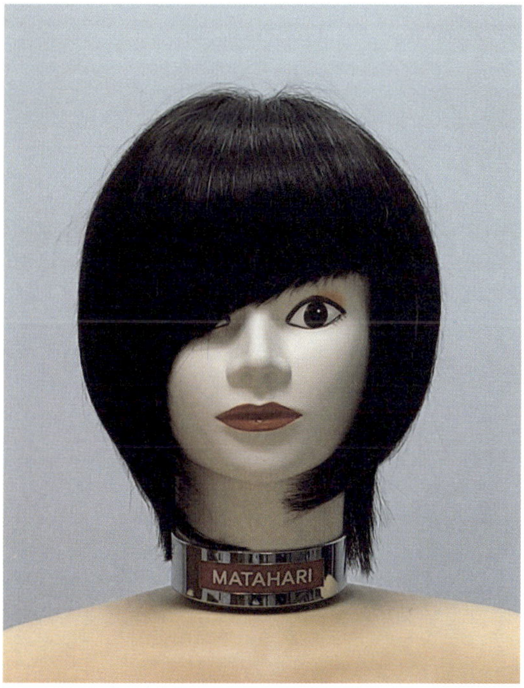

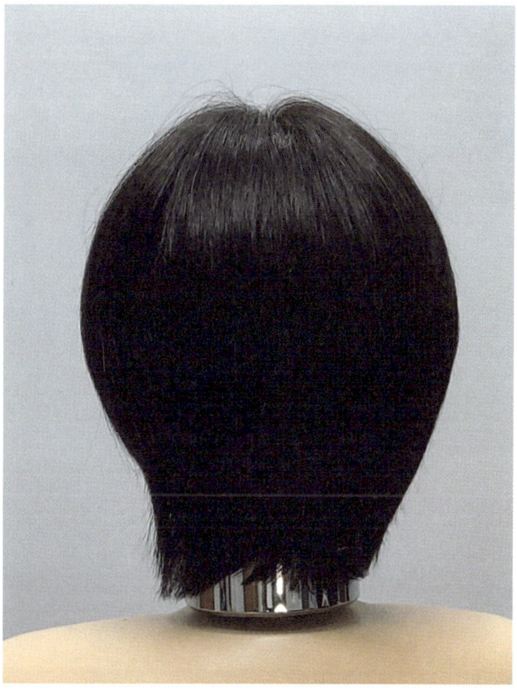

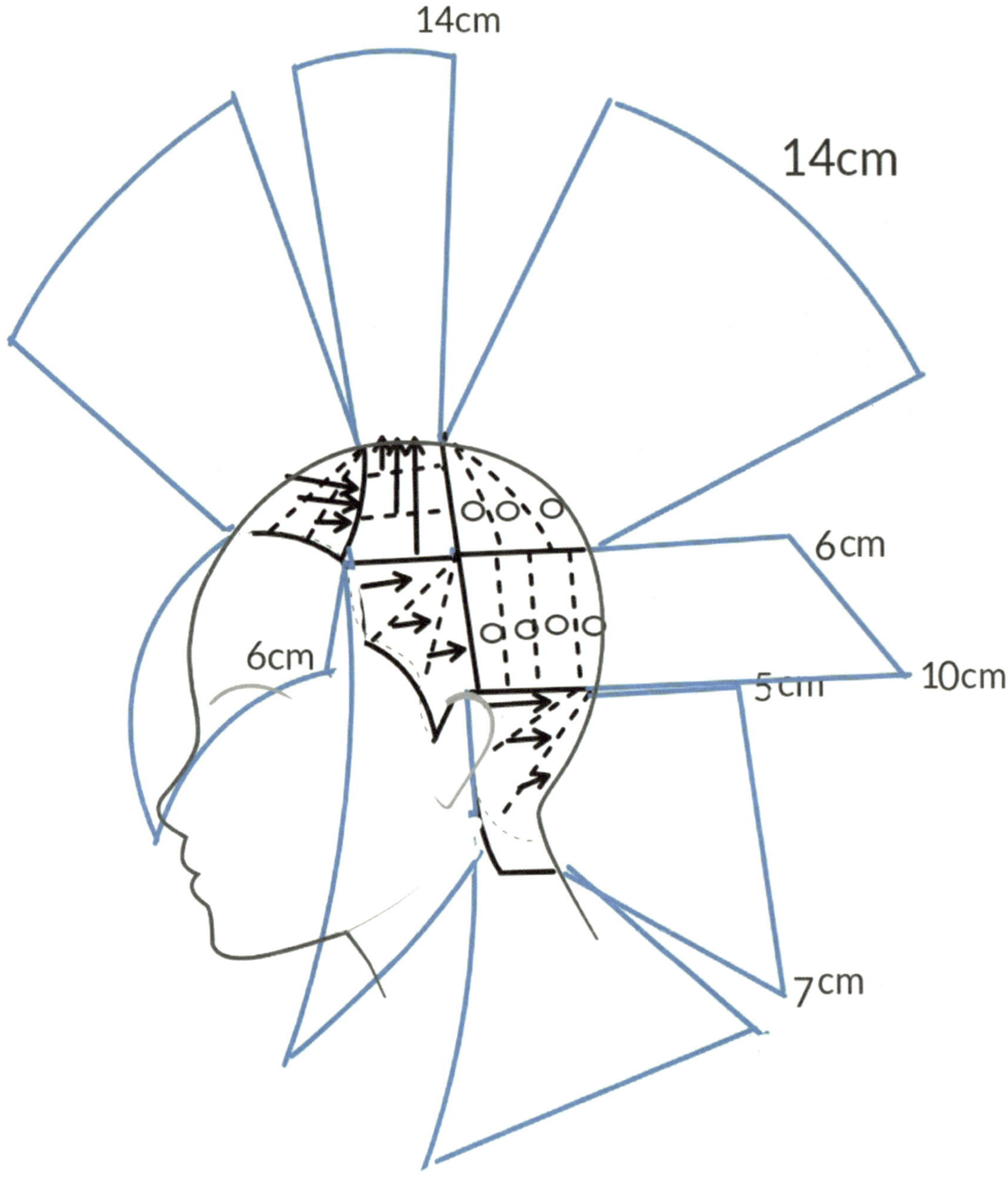
14cm
14cm
6cm
6cm
10cm
5cm
7cm

언더섹션은 피봇 파팅 후
B.P 5cm에서 N.P 7cm로
나칭 커트한다.

나머지 피봇 파팅 후 전 패널로
OD하여 커트 진행한다.

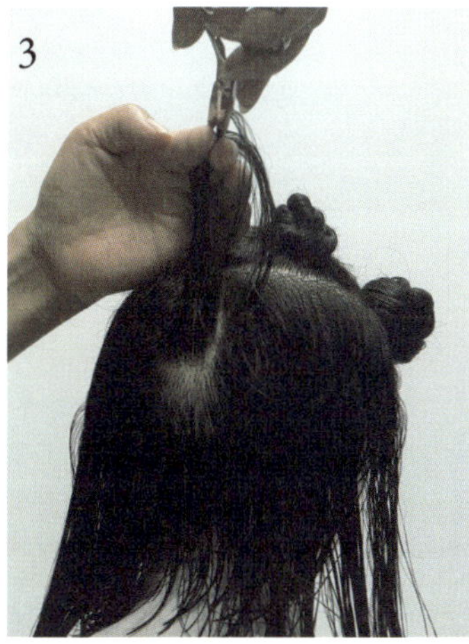

미들섹션은 언더섹션에서
디스커넥션으로 6~10cm로 레이어
커트하고 나머지 On Base로 진행한다.

오버섹션은 피봇 파팅하여 14cm
가이드 설정 후 유니폼 레이어로
커트 진행한다.

Side F.S.P 아래쪽은 피봇 파팅 후
한 패널 뒤로 OD하여
수직 커트 진행한다.

나머지 Side는 가로 파팅하여 위로
똑바로 들어 T.P 14cm 가이드로
위로 똑바로 하여 커트한다.

프린지는 좌우 F.S.P~T.P로
삼각 베이스로 나누고 왼쪽 F.S.P의
6cm를 가이드로 T.P의 14와
연결하여 가이드 설정 후 왼쪽으로
고정 디자인하여 진행한다.

미용장 실기 창작 커트 6

자격종목	미용장	과제명	혼합형 디스커넥션 창작 커트

1. 과제 : 창작 헤어커트

▶ **제한시간 :** 40분(준비시간 별도)

1. 요구사항

가. 요구사항에 맞게 파팅하고 머리의 길이는 제시되어 있는 길이를 따른다.

- 주어진 도면 및 다음 조건을 충족시키는 커트를 하시오.
- 가위로만 커트하시오(단, 질감 처리는 가위, 틴닝 가위 사용할 수 있음).

나. 엑스테리어

- 네이프 9cm, G.B.M.P 5cm 슬라이싱으로 측중선까지 커트한다.
- 오른쪽 측두부는 측중선을 가이드로 고정 디자인하여 나칭 기법으로 도면과 같이 하시오.
- 왼쪽 측두부는 side base로 도면과 같이 진행한다.

다. 인테리어

- G.B.M.P 9cm, T.P 약 16cm를 On Base 나칭 기법으로 하시오.

라. 프린지

- 양쪽 F.S.P에서 T.P까지 삼각섹션 후 C.P 2cm 위와 F.S.P를 연결하는 파팅으로 나누어 C.P 5cm, F.S.P 7cm를 연결하시오.
- 나머지는 도면과 같이 디스커넥션하시오(나칭 기법).

마. 전체적인 스타일이 연결되도록 질감 처리는 노멀, 엔드 테이퍼링으로 마무리하시오.

자격종목	미용장	과제명	커트 (1과제)	척도	NS

2. 도면

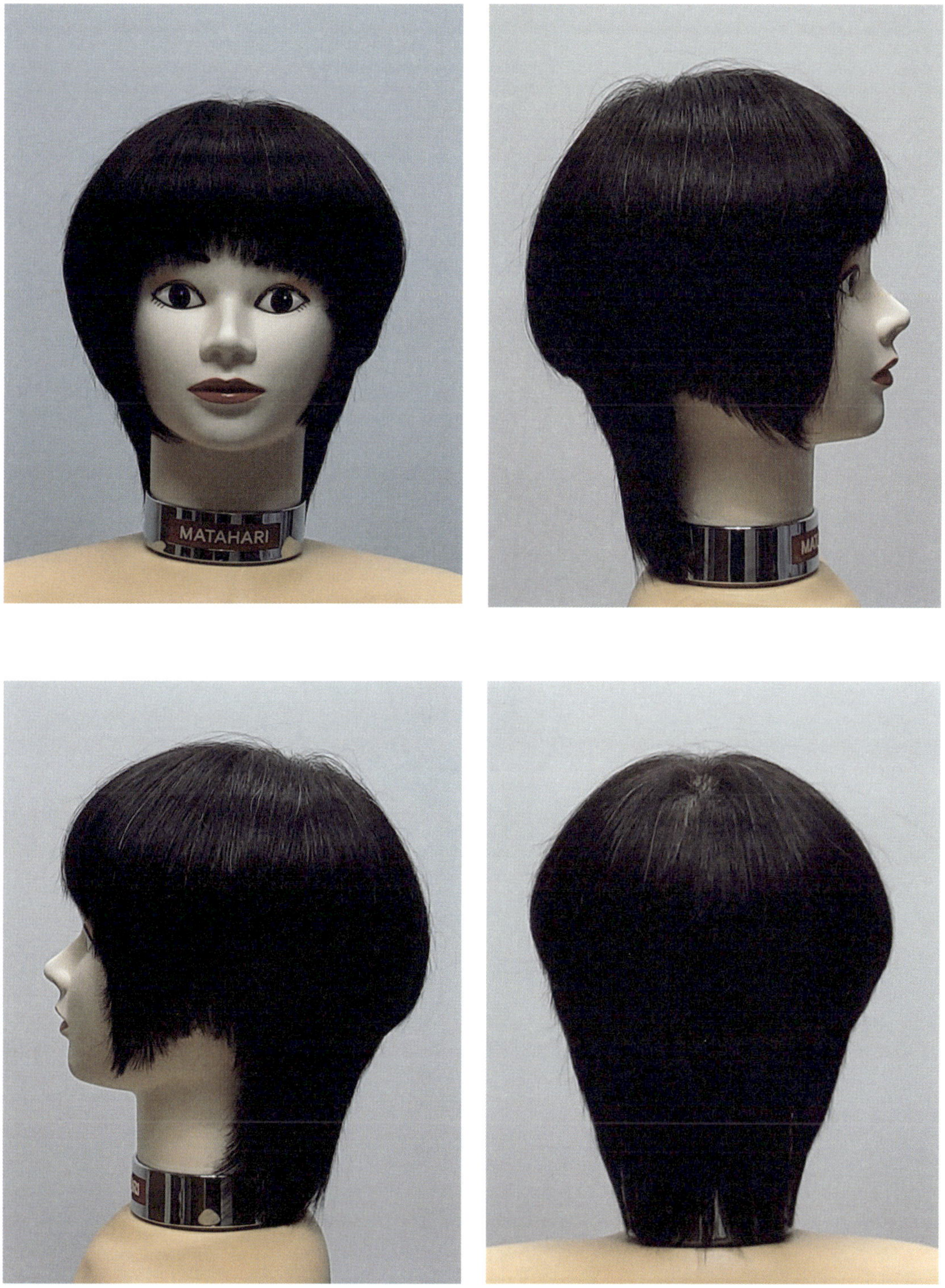

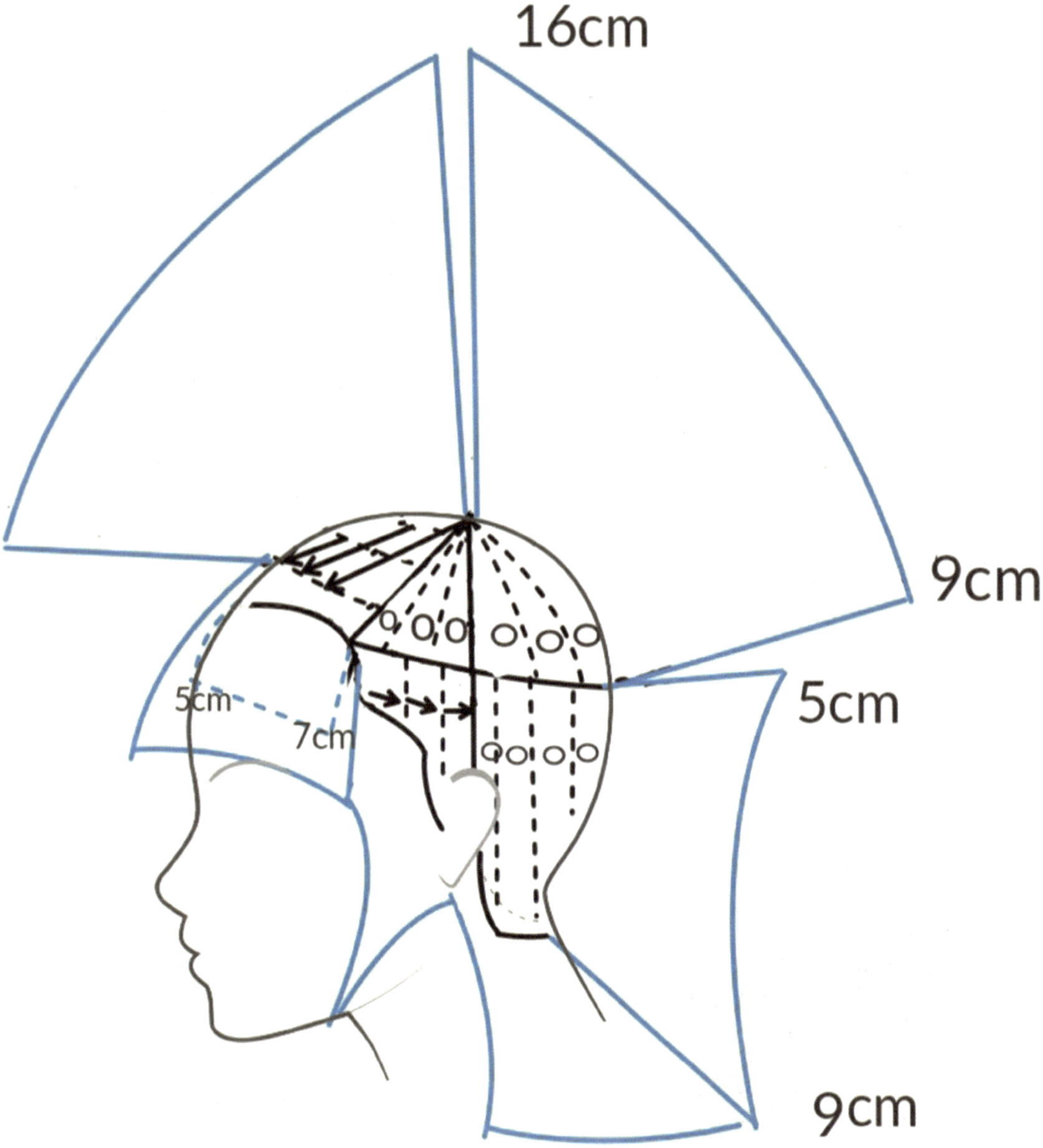
16cm
9cm
5cm
5cm
7cm
9cm

F.S.P~G.B.M.P까지 투 섹션으로 나눈다.

G.B.M.P 5cm에서 N.P 9cm 슬라이싱 커트로 가이드 설정 후 On Base로 측중선까지 진행한다.

Side쪽은 E.T.E.의 가이드로 Side Base 나칭 커트한다.

계속하여 동일하게 Side Base로 커트한다.

오른쪽 Side는 E.T.E에서 수직 커트로 가이드 설정한다.

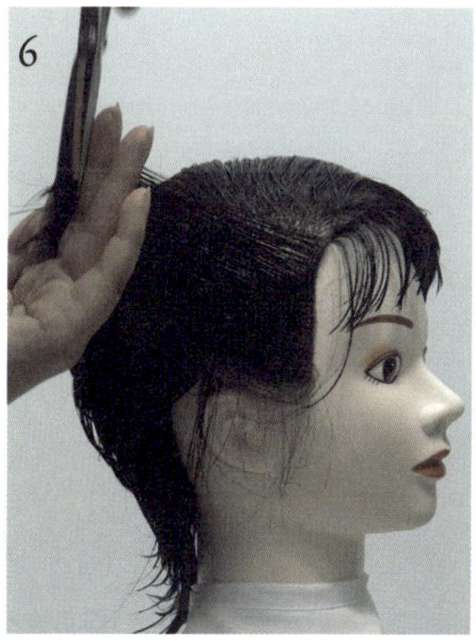

나머지는 측중선으로 고정 디자인 라인 커트한다.

인테리어는 G.B.M.P 9cm, T.P 약 16cm On Base로 나칭 기법으로 한다.

F.S.P~F.S.P까지 설정 후 C.P에서 2cm 위쪽에서 수평 파팅하고 5cm 가이드로 일자 커트하여 F.S.P 쪽이 7cm가 되게 한다.

2cm 수평 파팅하여 11cm로 디스커넥션 커트한다.

미용장 실기 창작 커트 7

자격종목	미용장	과제명	혼합형 디스커넥션 커트

1. 과제 : 창작 헤어커트

▶ **제한시간 :** 40분(준비시간 별도)

1. 요구사항

가. 요구사항에 맞게 파팅하고 머리의 길이는 제시되어 있는 길이를 따른다.

- 주어진 도해도(구조 그래픽) 및 다음 조건을 충족시키는 커트를 하시오.
- 가위로만 커트하시오(단, 질감 처리는 가위, 틴닝 가위 사용할 수 있음).

나. F.S.P에서 B.P까지 후대각 섹션으로 인테리어와 엑스테리어로 나눈 후 진행하시오.

- 엑스테리어

  N.P 20cm 가이드 설정 후 B.P 8cm와 네이프를 연결하는 레이어 커트로 도면과 같이 축중선까지 하고, 나머지는 측중선으로 고정 디자인하시오.

- 인테리어

  T.P까지 15cm 유니폼 레이어로 측중선까지 하고, 나머지는 측중선으로 고정 디자인으로 디스커넥션 커트를 도면과 같이 완성하시오.

다. 프린지는 T.P에서 좌우 F.S.P와 연결하는 삼각섹션으로 T.P를 가이드로 위로 똑바로 평면 커트하시오.

라. 전체적인 스타일이 연결되도록 질감 처리는 노멀, 엔드 테이퍼링으로 마무리하시오.

자격종목	미용장	과제명	커트 (1과제)	척도	NS

2. 도면

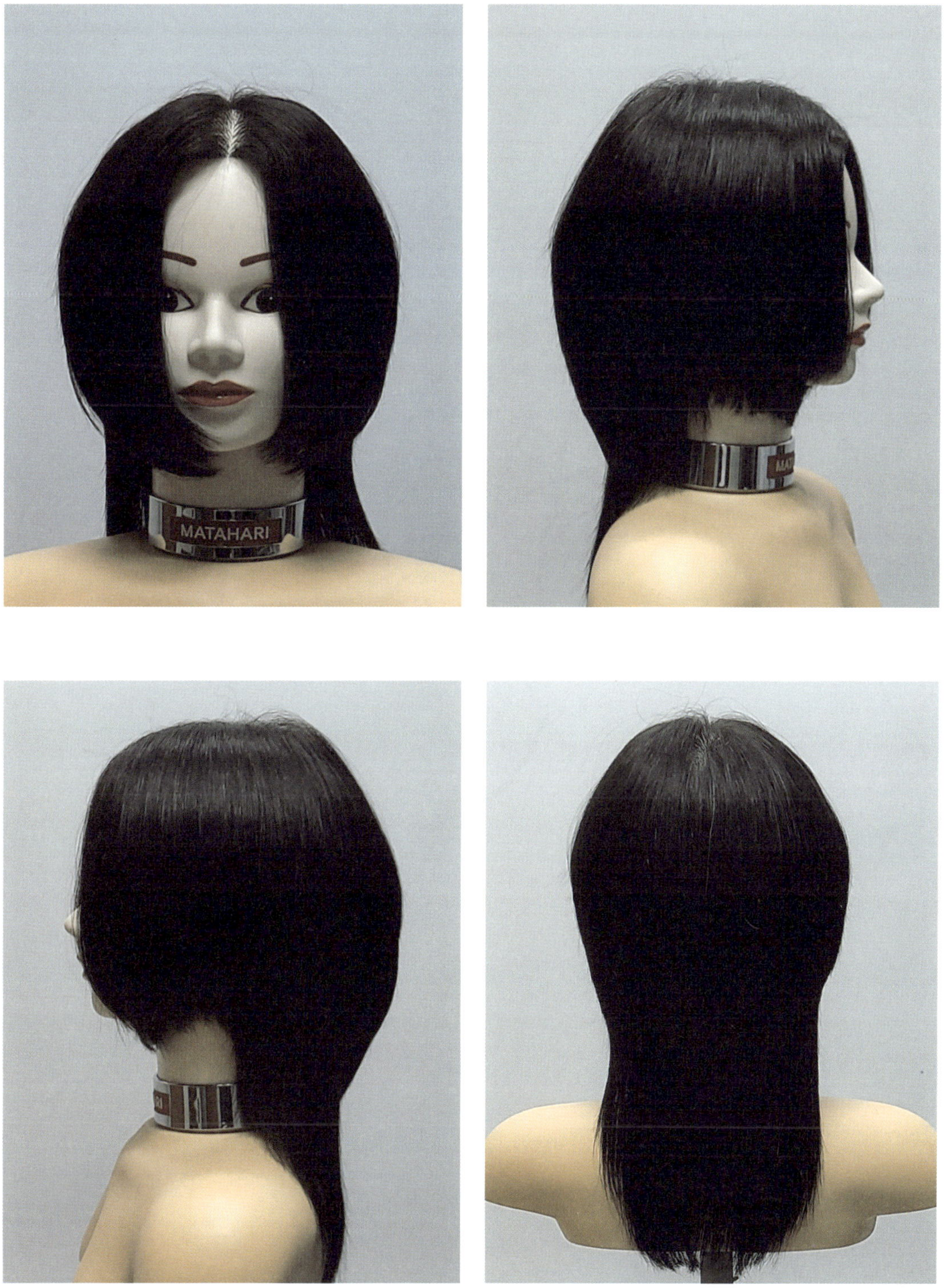

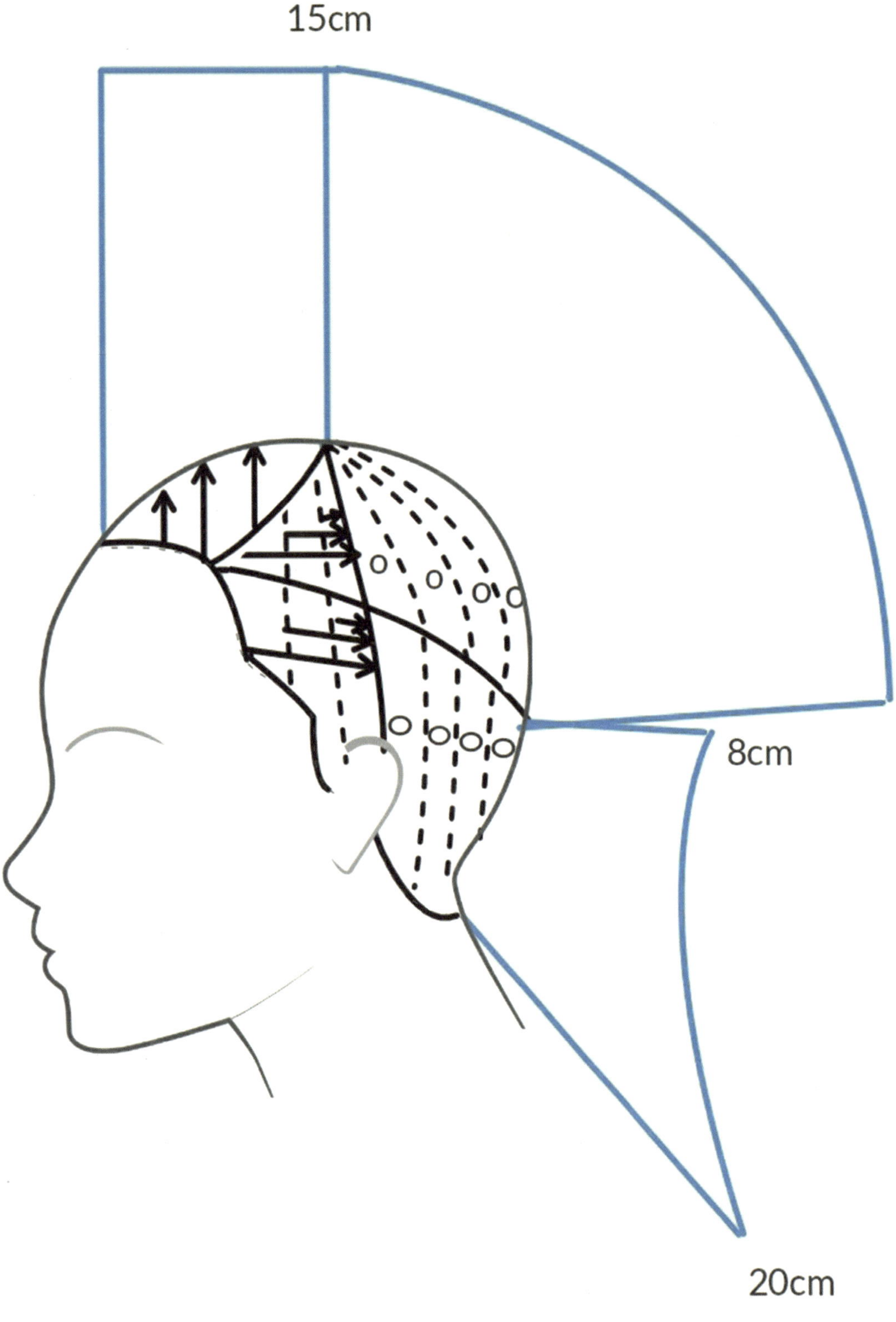
15cm
8cm
20cm

F.S.P에서 B.P 쪽으로 후대각 섹션 후 첫 번째 세로 파팅하여 B.P 8cm를 가이드로 N.P 20cm가 되도록 슬라이싱 커트를 진행한다.

나머지도 세로 파팅 후 On Base로 동일하게 진행한다.

1번 진행 후 N.S.P 쪽으로 후대각 파팅 후 E.T.E 라인에서 슬라이싱 커트로 체크 커트 진행한다.

Side는 세로 파팅 후 15cm 후두부를 가이드로 E.T.E로 고정 디자인으로 커트한다.

인테리어는 15cm를 가이드로 유니폼 레이어로 On Base로 진행하여 디스커넥션한다.

Side는 세로 파팅하여 E.T.E를 가이드로 커트 후 전체 E.T.E 쪽으로 고정 디자인 라인 커트한다.

프린지는 F.S.P ~ F.S.P까지 삼각 베이스로 T.P를 가이드로 위로 똑바로 평면 커트한다.

미용장 실기 창작 커트 8

자격종목	미용장	과제명	디스커넥션 혼합형 커트

1. 과제 : 창작 헤어커트

▶ **제한시간 :** 40분(준비시간 별도)

1. 요구사항

가. 요구사항에 맞게 파팅하고 머리의 길이는 제시되어 있는 길이를 따른다.
- 주어진 도면 및 다음 조건을 충족시키는 커트를 하시오.
- 가위로만 커트하시오(단, 질감 처리는 가위, 틴닝 가위 사용할 수 있음).

나. 후두부
- 양쪽 T.E.M.P에서 G.B.M.P로 섹셔닝하여 인테리어와 엑스테리어로 나누어 작업하시오.
- 엑스테리어는 레이어, 인테리어 지역은 그라데이션 커트로 하시오.
- 인테리어 존은 T.P 15cm 그라데이션으로, 엑스테리어와 디스커넥 커트를 완성하시오.

다. 측두부
- 엑스테리어는 E.T.E 파팅하여 후두부를 가이드로 한 패널 뒤로 OD하여 커트하시오.
- 인테리어는 전대각 파팅하여 뒤쪽으로 OD하여 낮은 그라데이션으로 side 쪽이 턱선 길이로 커트하시오.

라. 페이스 라인은 왼쪽 S.P를 가이드로 F.S.P가 6cm 되게 가이드 설정 후 진행하시오.

마. 프린지는 T.P에서 양쪽 F.S.P와 연결하는 삼각섹션하여 왼쪽 가르마를 가이드로 고정디자인 라인으로 도면과 같이하시오.

바. 전체적인 스타일이 연결되도록 질감 처리는 노멀, 엔드 테이퍼링으로 마무리하시오.

자격종목	미용장	과제명	커트 (1과제)	척도	NS

2. 도면

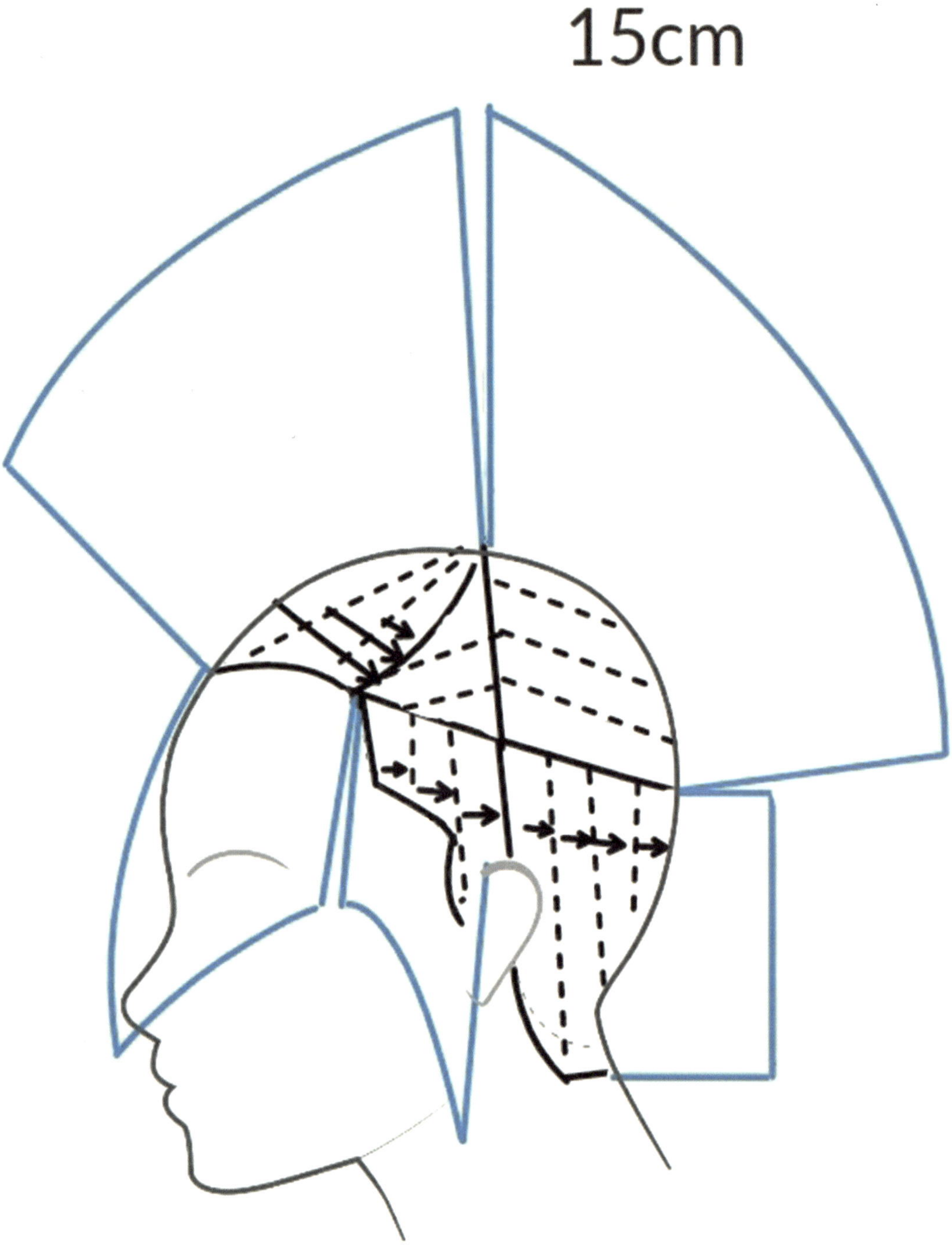
15cm

인테리어와 엑스테리어로 나누어서 엑스테리어 후두부는 세로 파팅 후 6cm 가이드 설정하여 레이어 커트한다.

계속하여 세로 파팅 후 뒤쪽으로 OD하여 진행한다.

인테리어 커트 완성

Side는 세로 파팅 후 한 패널 뒤로 OD하여 레이어 커트 진행한다.

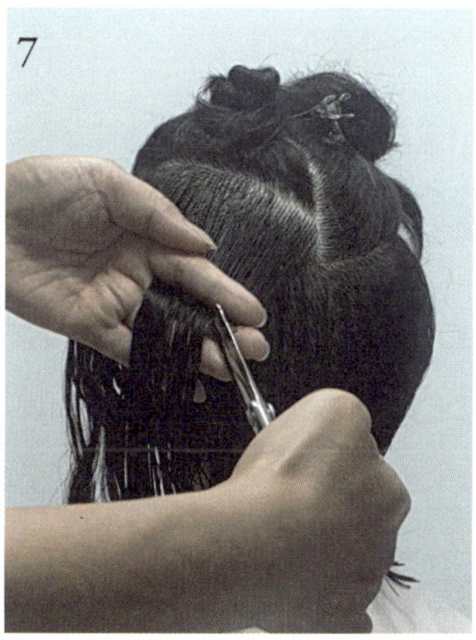

왼쪽 인테리어 후두부는 Side와 연결하는 후대각 파팅 후 엑스테리어 11cm로 디스커넥션하여 후대각이 되게 side 쪽으로 연결하여 커트 진행한다.

계속하여 낮은 그라데이션으로 비평행으로 진행한다.

오른쪽 인테리어 후두부는 후대각 파팅 후 왼쪽과 동일하게 진행하되 side는 전대각 파팅하여 뒤쪽으로 OD하고 낮은 그라데이션으로 side 쪽이 턱선에 오게 진행한다.

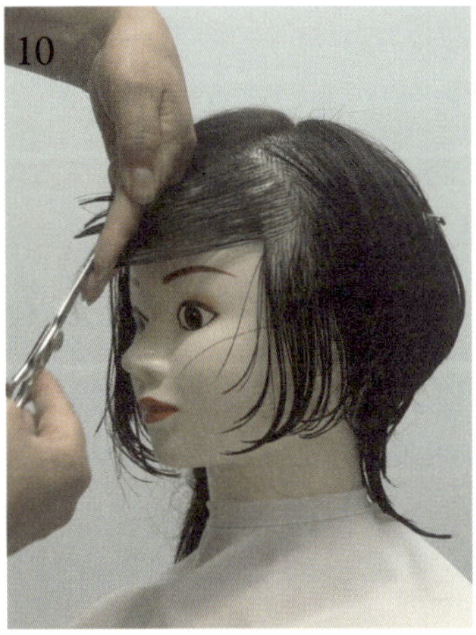

10

왼쪽 S.P에 맞추어 F.P.S가
6cm되게 레이어 커트 진행하여
가이드 설정한다.

11

왼쪽에서 오른쪽 F.S.P 쪽으로 사선
파팅하여 왼쪽 6cm를 가이드로
오른쪽이 길어지게 슬라이싱 커트한다.

12

계속하여 첫 번째에 다운하여
슬라이싱 커트한다.

미용장 실기 창작 커트 9

자격종목	미용장	과제명	디스커넥션 혼합형 커트

1. 과제 : 창작 헤어커트

▶ **제한시간 : 40분**(준비시간 별도)

1. 요구사항

가. 요구사항에 맞게 파팅하고 머리의 길이는 제시되어 있는 길이를 따른다.

- 주어진 도해도(구조 그래픽) 및 다음 조건을 충족시키는 커트를 하시오.
- 가위로만 커트하시오(단, 질감 처리는 가위, 틴닝 가위 사용할 수 있음).

나. 후두부

- 언더섹션은 N.P 5cm로 유니폼 레이어를 도면과 같이하시오(블런트 커트하시오).
- 미들섹션은 B.P의 길이가 N.P에 떨어지게 하여 중간 시술각으로 도면과 같이 하시오.
- 오버섹션은 G.B.M.P 길이가 N.P 5cm에 떨어지게 On Base로 하이 그라데이션하시오

다. 측두부

- 오른쪽 S.P에서 가로 파팅 후 후두부 미들존에 떨어진 길이와 연결하여 수평으로 콤컨트롤로 진행하고, 나머지는 세로 파팅하여 후두부 오버 존과 같이 하시오.
- 왼쪽은 전대각 파팅 후 후두부와 연장선이 되게 도면과 같이 하시오.

자격종목	미용장	과제명	커트 (1과제)	척도	NS

2. 도면

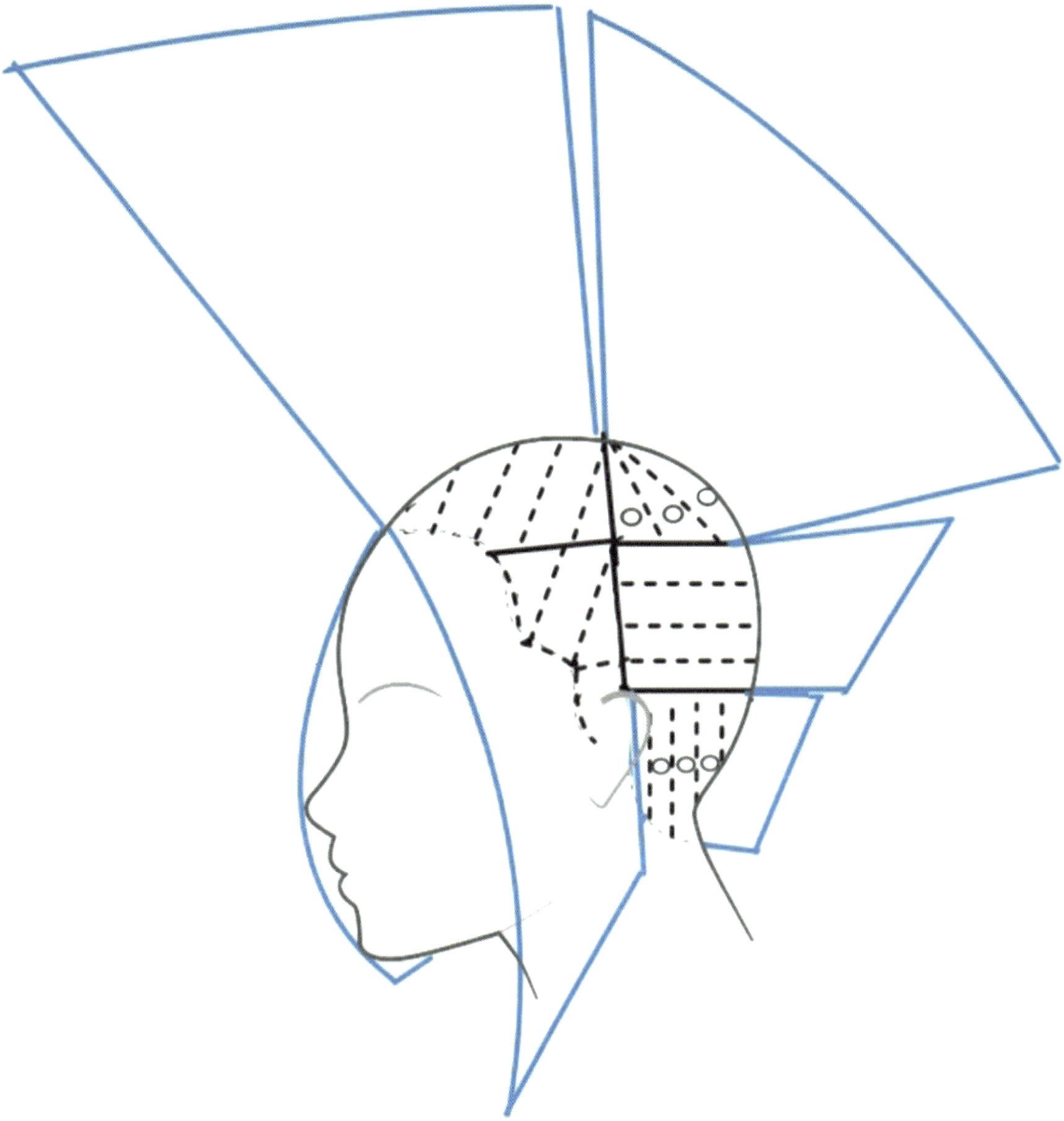

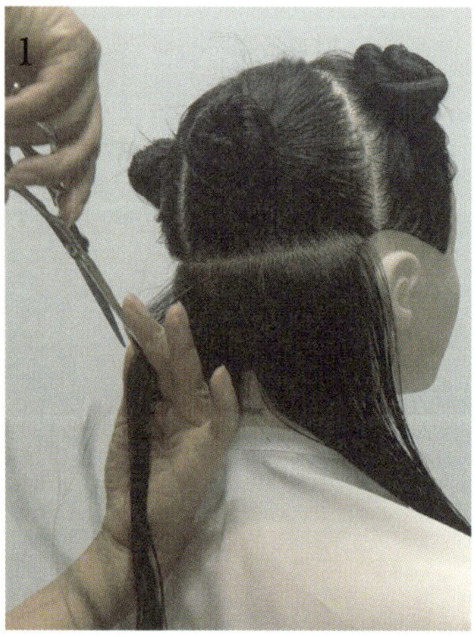

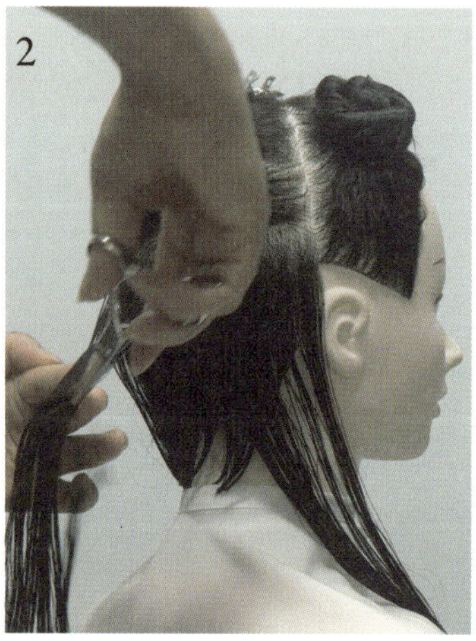

언더존은 세로 파팅 후
가이드 5cm하여 유니폼 레이어로
커트 진행한다.

미들 존은 수평 파팅 후 N.P까지 올 수 있게 디스커넥션하여
중간 시술각으로 커트 진행한다.

오버존은 피봇 파팅 후 네이프
라인과 같게 디스커넥션으로
가이드 설정하여 유니폼 레이어에
가까운 HG로 커트 진행한다.
계속해서 On Base로 마무리한다.

오른쪽 Side는 S.P에서 수평으로
나누어서 후두부 미들 존에
연결하여 콤컨트롤로 수평 커트
진행한다.

나머지 Side는 세로 파팅 후
후두부 오버 존과 연결하여
On Base로 유니폼 레이어에
가까운 HG로 커트 진행한다.

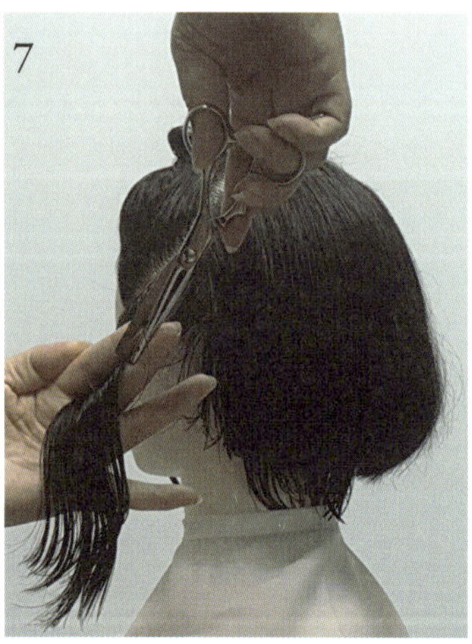

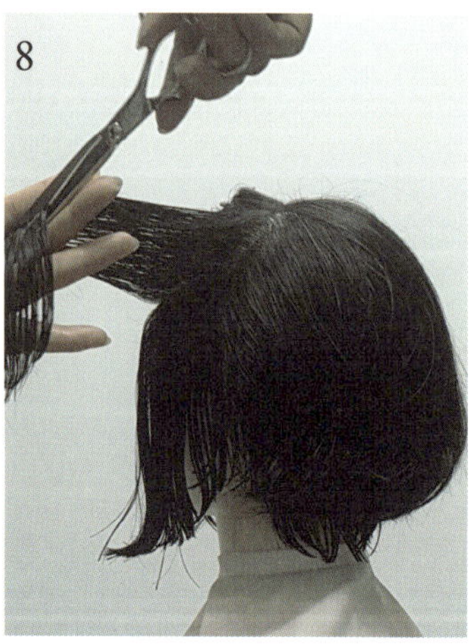

왼쪽 Side는 사선 전대각 파팅하여 미들존과 오버존 연장선에
커트 진행한다.

미용장 실기 창작 커트 10

자격종목	미용장	과제명	디스크넥 커트

1. 과제 : 창작 헤어커트

▶ **제한시간 :** 40분(준비시간 별도)

1. 요구사항

가. 요구사항에 맞게 파팅하고 머리의 길이는 제시되어 있는 길이를 따른다.

- 주어진 도면 및 다음 조건을 충족시키는 커트를 하시오.
- 가위로만 커트하시오(단, 질감 처리는 가위, 틴닝 가위 사용할 수 있음).

나. 언더섹션

- 네이프 사이드 라인(E.B.P~N.S.P) 5cm 가이드 설정 후 후대각 파팅하여 도면과 같이 하시오.

다. C.T.M.P에서 T.G.M.P와 연결하여 원형 섹션을 나눈 후 하시오.

라. 미들섹션

- 정중선을 중심으로 B.P 10cm, T.G.M.P 14cm 그라데이션 커트로 도면과 같이 하시오.

마. 오버섹션(슬라이싱 기법으로 하시오)

- T.P 9cm를 가이드로 피봇 파팅 후 도면과 같이 미들섹션과 디스커넥션되게 도면과 같이 하시오.

바. 페이스 라인은 도면과 같이 S.C.P 쪽으로 연결하는 슬라이싱 커트하시오.

사. 언더섹션은 세임 틴닝, 미들섹션은 이너 그라데이션 틴닝으로 질감 처리하시오.

자격종목	미용장	과제명	커트 (1과제)	척도	NS

2. 도면

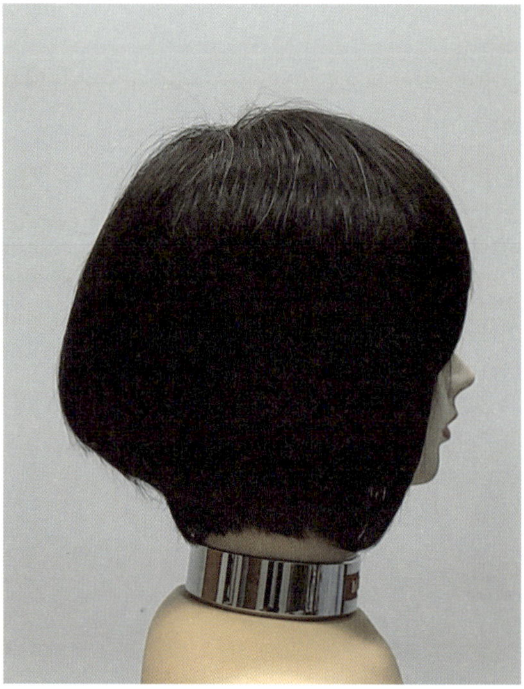
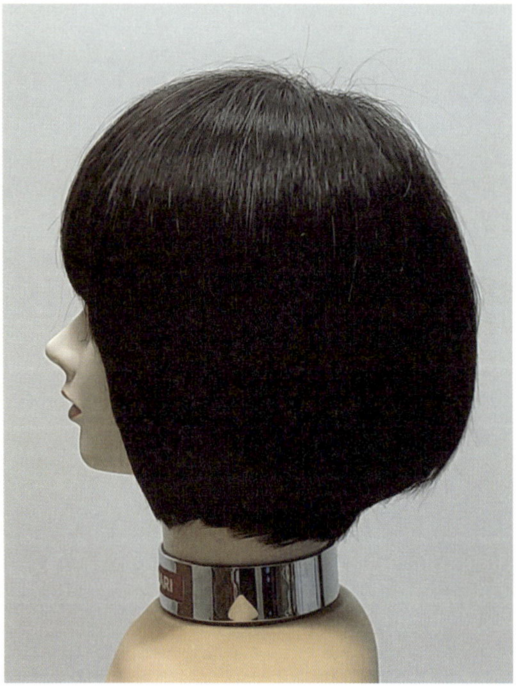
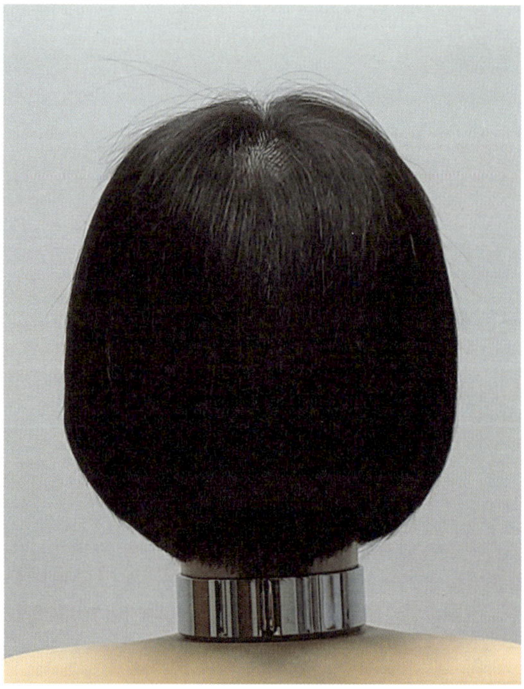

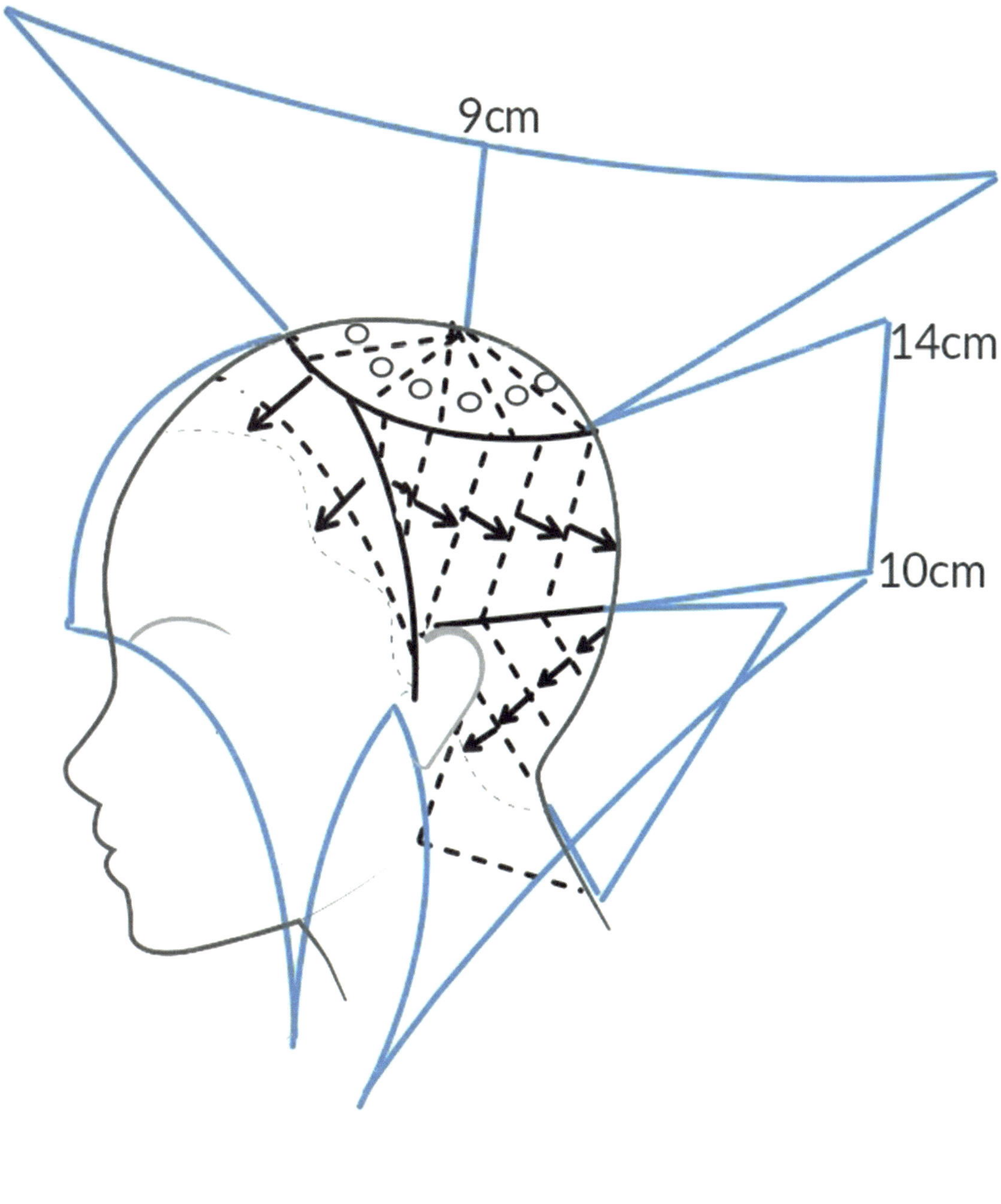
9cm
14cm
10cm

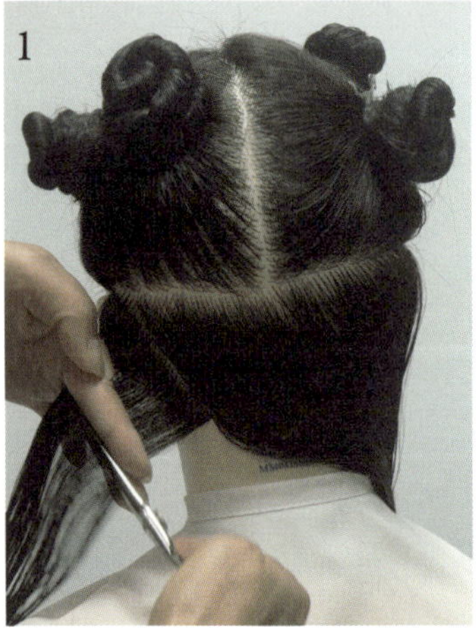

언더존, 후대각 파팅,
E.B.P 5cm 가이드 설정하여
유니폼 레이어 커트한다.

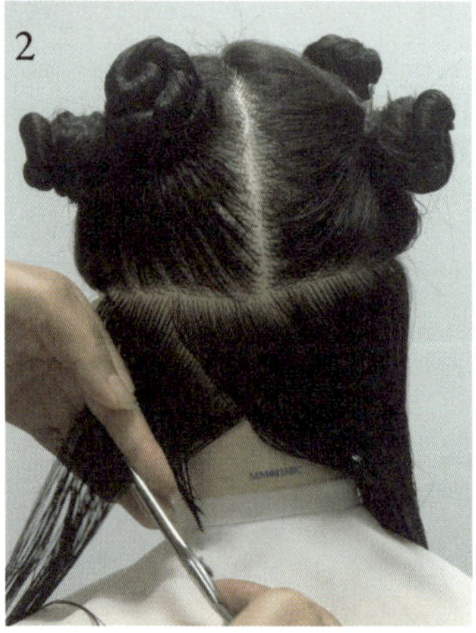

계속하여 사선 파팅하여 한 패널
왼쪽으로 OD하여 커트 진행한다.

미들섹션은 전대각 사선 파팅하여
미들의 10cm와 오버 14cm를
연결하는 HG 커트로 진행한다.

계속하여 Side까지 한 패널 뒤로
OD하여 디스커넥션 커트 진행한다.

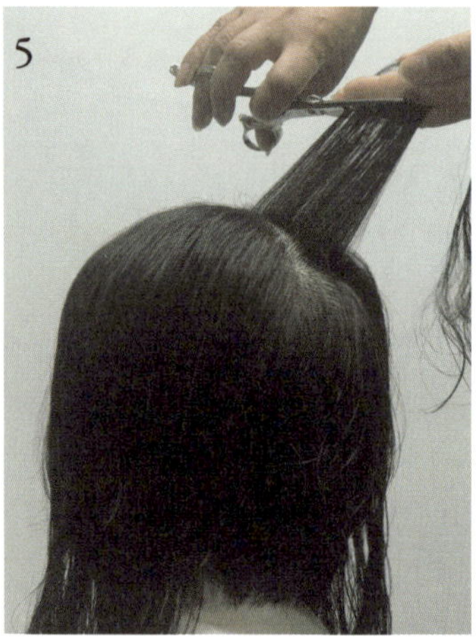

원형섹션은 피봇 파팅 후 T.P를
9cm T.G.M.P 쪽으로 점점 길어지게
디스커넥션하면서 On Base로
슬라이싱 진행한다.

페이스 라인 세로 파팅하여 S.C.P를
연결하는 레이어 커트로
슬라이싱 커트 진행한다.

미용장 실기 창작 커트 11

자격종목	미용장	과제명	혼합형 디스커넥션 커트

1. 과제 : 창작 헤어커트

▶ **제한시간 :** 40분(준비시간 별도)

1. 요구사항

가. 요구사항에 맞게 파팅하고 머리의 길이는 제시되어 있는 길이를 따른다.

- 주어진 도면 및 다음 조건을 충족시키는 커트를 하시오.
- 가위로만 커트하시오(단, 질감 처리는 가위, 틴닝 가위 사용할 수 있음).

나. 언더섹션

- B.P 5cm, N.P 14cm 인크리스 레이어로 전대각이 되게 도면과 같이 슬라이싱 기법으로 하시오.

다. 미들섹션

- B.P 5cm와 G.B.M.P 8cm 전대각이 되게 나칭 기법으로 도면과 같이 하시오.

라. 페이스 라인은 C.P 2cm 위에서 E.P까지 후대각 파팅 후 C.P 10cm를 가이드로 연결하는 슬라이싱 기법으로 도면과 같이 하시오.

마. 오버섹션

- G.B.M.P 18cm 가이드로 유니폼 레이어로 도면과 같이 하시오.

자격종목	미용장	과제명	커트 (1과제)	척도	NS

2. 도면

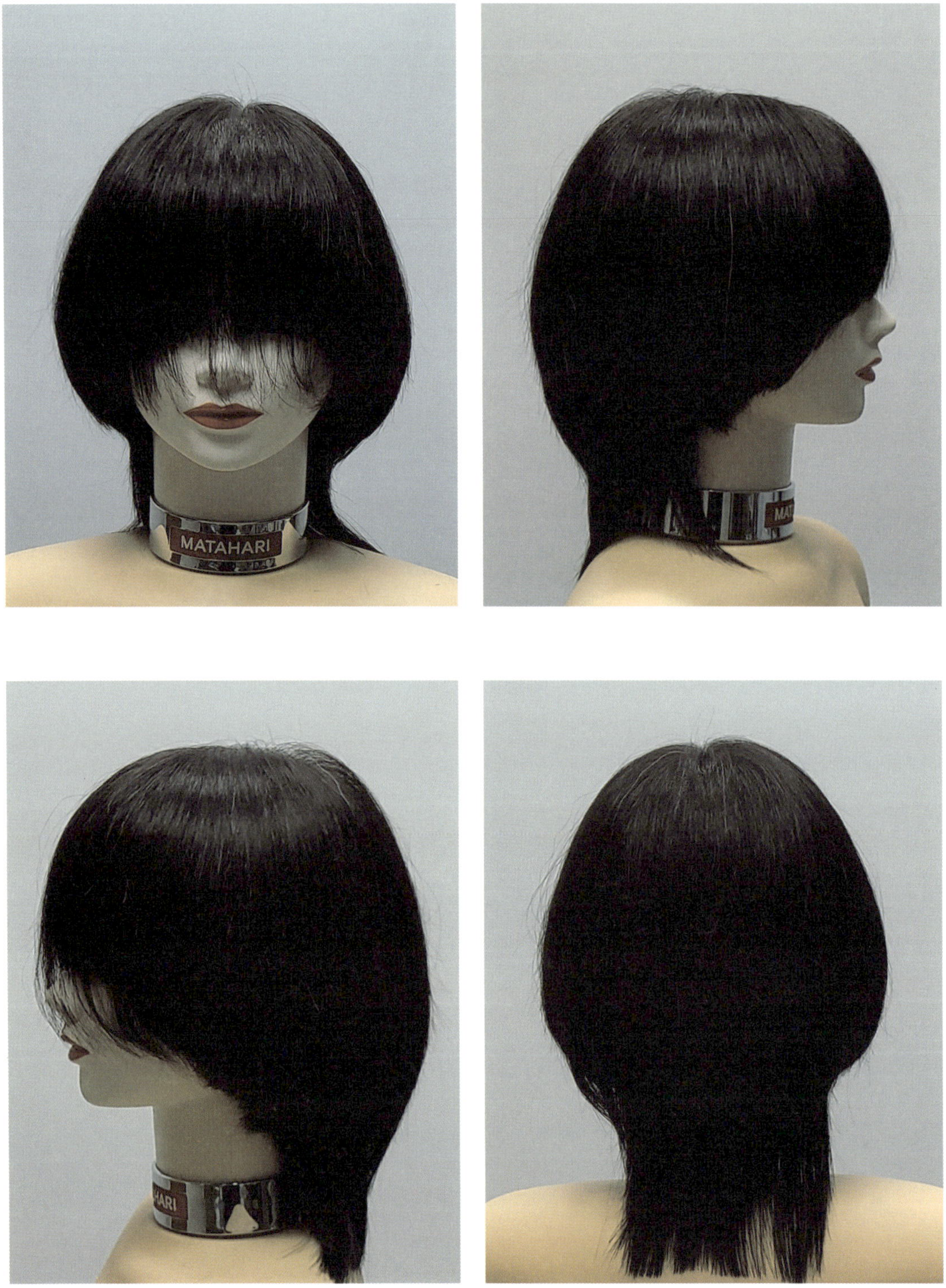

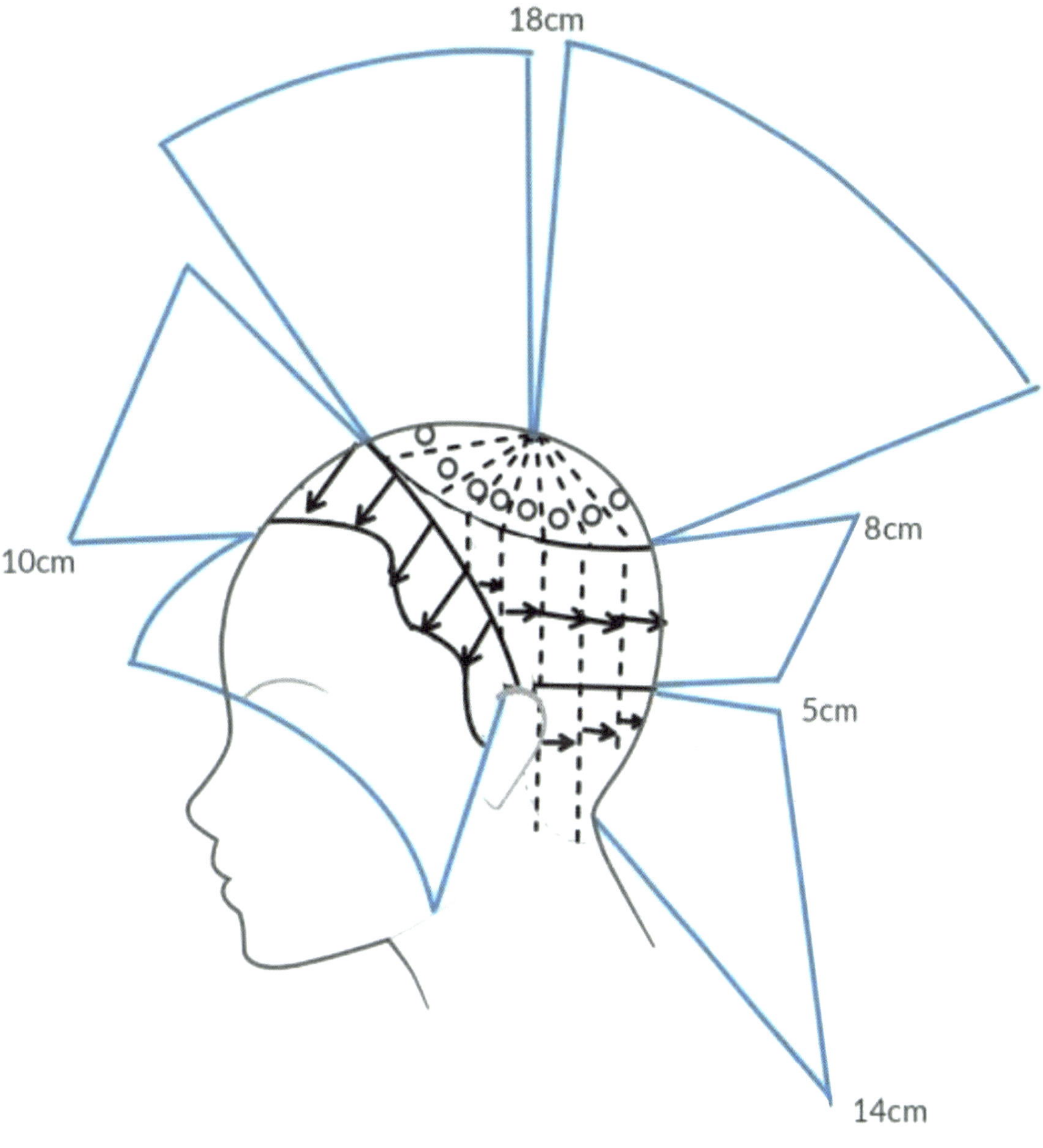
18cm
8cm
10cm
5cm
14cm

언더섹션은 세로 파팅 후 B.P
5cm 가이드로 N.P 14cm가 되게
슬라이싱 기법으로 인크리스
레이어 진행한다.

나머지는 세로 파팅 후
Side Base하여 진행한다.

미들섹션은 세로 파팅 후 B.P
5cm를 가이드로 G.B.M.P 8cm
나칭 기법으로 진행한다. 나머지
세로 파팅 후 Side Base로 진행한다.

페이스 라인은 C.P 2cm에서
E.P까지 후대각 파팅 후
C.P 10cm를 가이드로 E.P에
연결하는 슬라이싱 커트 진행한다.

두 번째 파팅은 첫 번째를 가이드로
리프트업하여 수평 커트 진행한다.

오버섹션은 T.G.M.P를 중심축으로
피봇 파팅하여 진행한다.

18cm를 가이드로 유니폼 레이어로
진행한다.

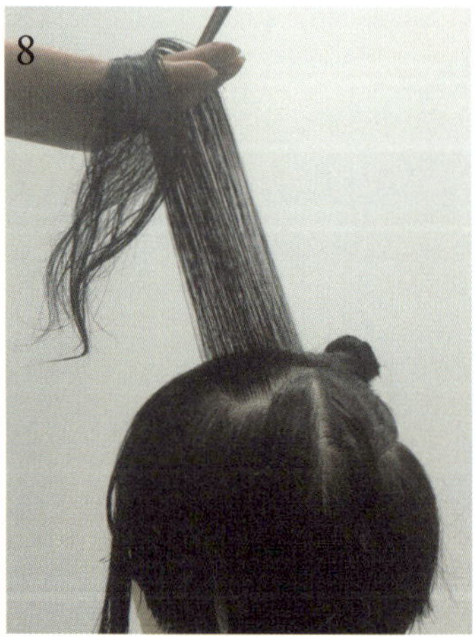

계속하여 동일하게 진행한다.

미용장 실기 창작 커트 12

자격종목	미용장	과제명	디스커넥션 혼합형 커트

1. 과제 : 창작 헤어커트

▶ **제한시간 :** 40분(준비시간 별도)

1. 요구사항

가. 요구사항에 맞게 파팅하고 머리의 길이는 제시되어 있는 길이를 따른다.

- 주어진 도해도(구조 그래픽) 및 다음 조건을 충족시키는 커트를 하시오.
- 가위로만 커트하시오(단, 질감 처리는 가위, 틴닝 가위 사용할 수 있음).

나. E.T.E 블로킹으로 나누어 진행하시오.

다. 후두부

- 언더섹션은 왼쪽 E.P 5cm, N.P 5cm 가이드 설정 후 피봇 파팅하여 오버 다이렉션으로 도면과 같이 진행하시오.
- 미들섹션은 B.P 10cm, G.B.M.P 10cm로 가이드 설정 후 사이드 베이스로 진행하시오.
- 오버섹션은 피봇 파팅하여 T.P 17cm 가이드로 평면 커트 진행하시오.

라. 측두부

- E.T.E 섹션하여 후두부를 가이드로 E.T.E 라인에 고정 디자인 라인 커트하시오.

마. 전두부

- T.P 17cm 가이드로 고정 디자인 라인으로 도면과 같이 진행하시오.

바. 전체적인 스타일이 연결되도록 질감 처리는 노멀, 엔드 테이퍼링으로 마무리하시오.

자격종목	미용장	과제명	커트 (1과제)	척도	NS

2. 도면

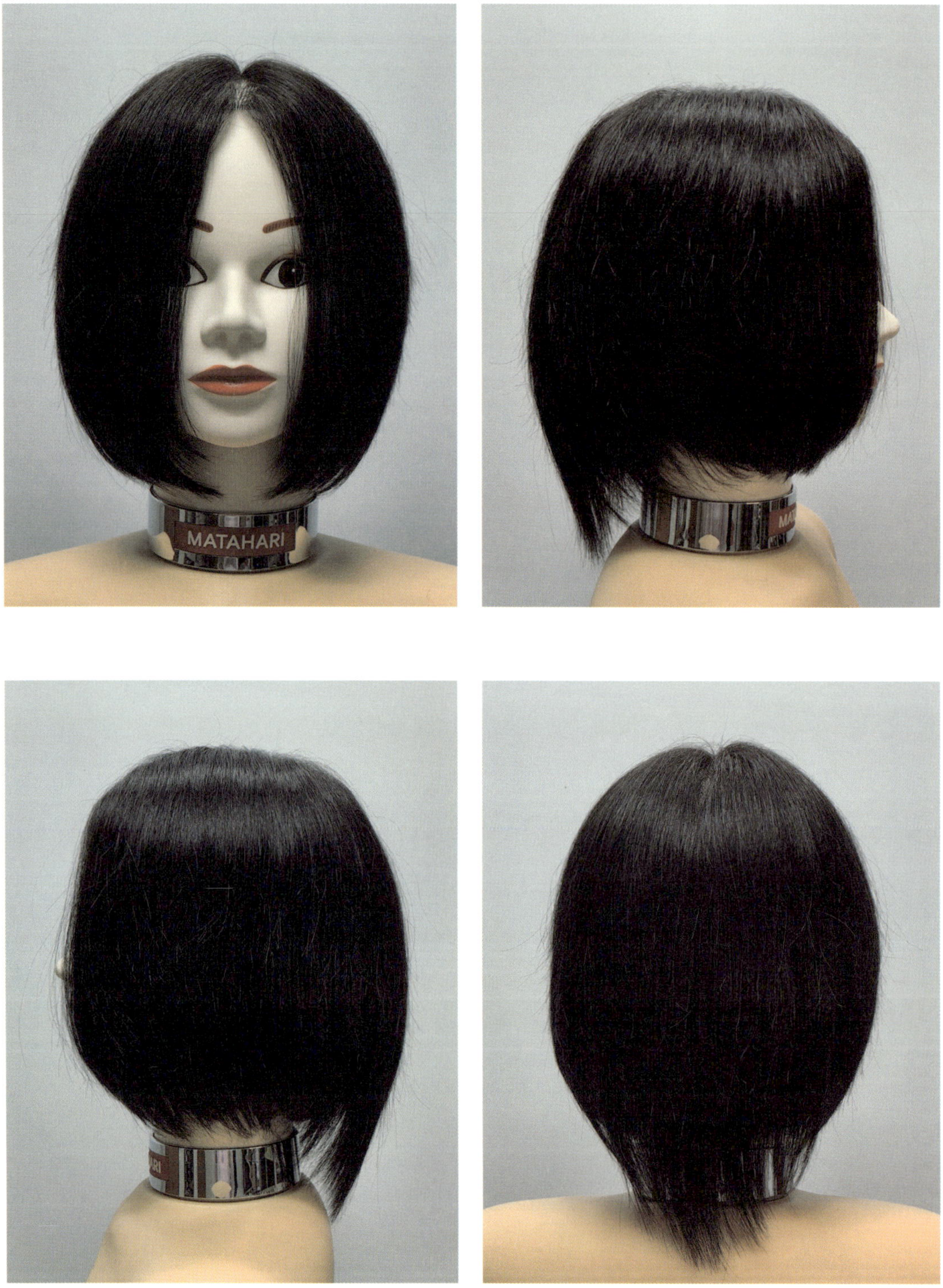

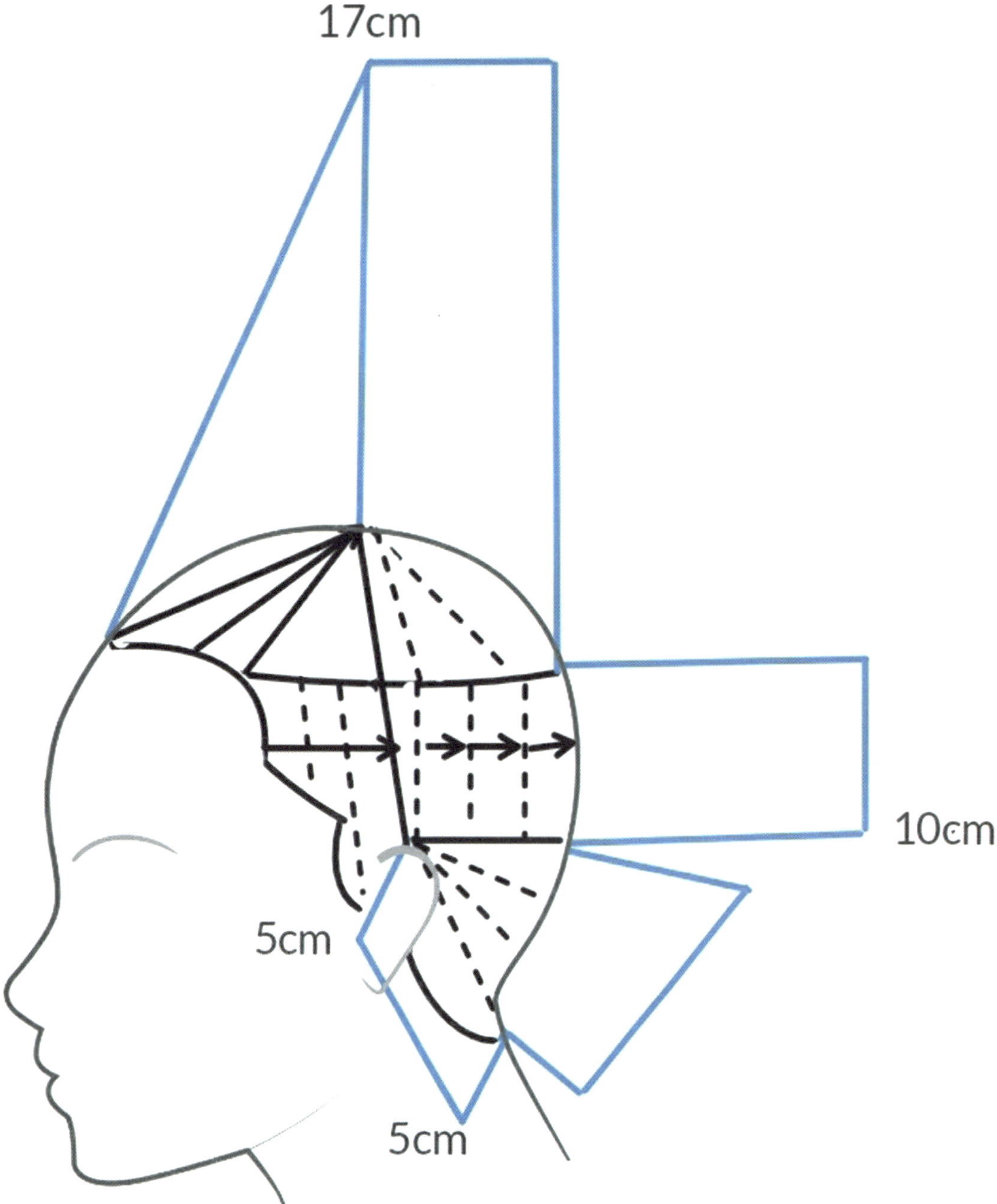
17cm
10cm
5cm
5cm

블로킹

언더섹션은 E.P에서 N.P까지
후대각 파팅 후 E.P 5cm, N.P 5cm
로 가이드 설정한다.

계속하여 E.P 중심축으로
피봇 파팅 후 첫 번째 파팅으로
OD하여 커트 진행한다.

나머지도 한 패널
OD하여 커트 진행한다.

미들섹션은 세로 파팅하여 10cm로
가이드 설정 후 정중선 쪽으로
Side Base 진행하시오.

E.T.E로 고정 디자인으로 진행한다.

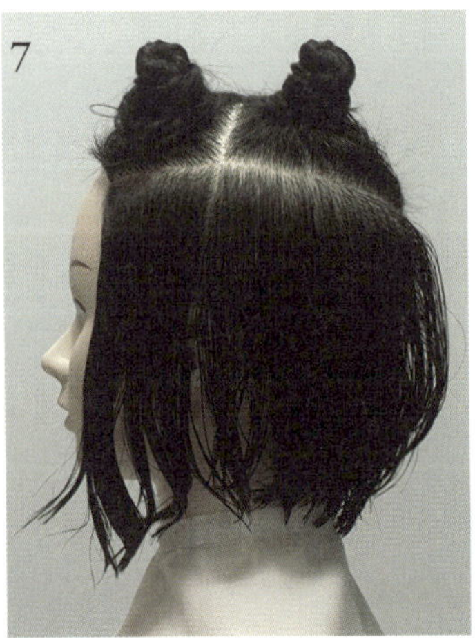

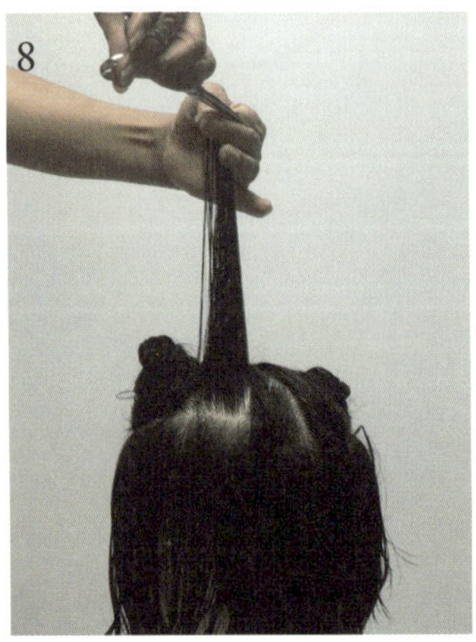

오버섹션은 피봇 파팅 후 T.P 17cm
가이드로 평면 커트 진행한다.

미용장 실기 창작 커트 13

자격종목	미용장	과제명	콤비네이션 디스크넥 커트

1. 과제 : 창작 헤어커트

▶ **제한시간 : 40분**(준비시간 별도)

1. 요구사항

가. 요구사항에 맞게 파팅하고 머리의 길이는 제시되어 있는 길이를 따른다.

- 주어진 도면 및 다음 조건을 충족시키는 커트를 하시오.
- 레자로만 커트하시오.

나. 언더섹션

- N.P 15cm를 가이드로 레자 에칭 기법으로 전체 아웃라인이 원랭스로 설정 후 진행하시오.
- 언더섹션은 B.P 13cm 수직으로 하여 사이드 베이스로 레자 에칭 진행하시오.

다. 미들섹션

- G.B.M.P 13cm, B.P 17cm 디스커넥션으로 레자 에칭 기법으로 진행하며, 사이드 베이스로 사이드까지 진행하시오.

라. 오버섹션

- T.P 19cm를 기준으로 피봇 파팅하여 레자 필링 기법으로 유니폼 레이어 진행하시오.

마. 프린지

- 양쪽 F.S.P에서 C.T.M.P까지 삼각섹션으로 나눈 후 오른쪽에서 왼쪽 F.S.P까지 사선 파팅하여 오른쪽 F.S.P 11cm를 가이드로 레자 에칭 기법으로 연결하여 진행하시오.

바. 레자 펜슬 기법으로 노멀, 엔드 테이프링으로 자연스럽게 마무리하시오.

자격종목	미용장	과제명	커트 (1과제)	척도	NS

2. 도면

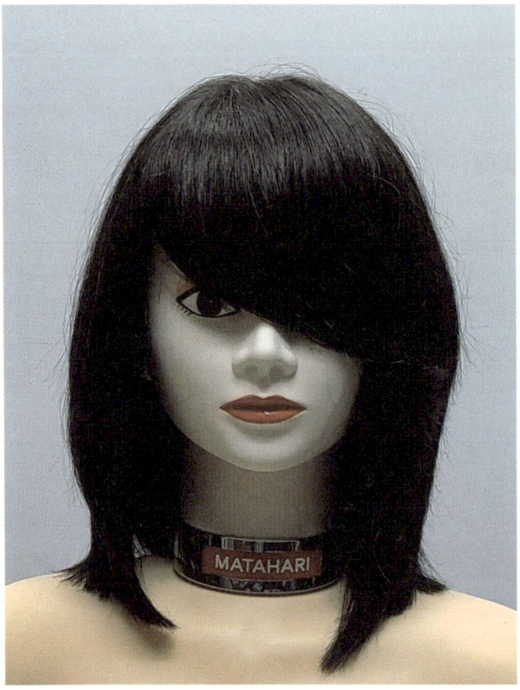

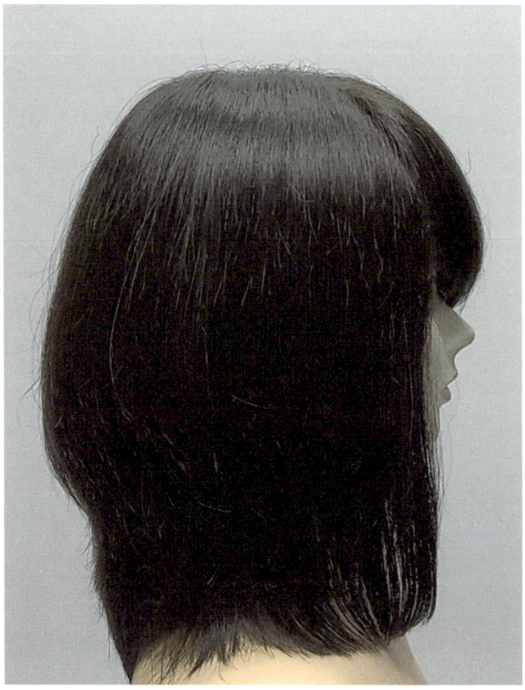

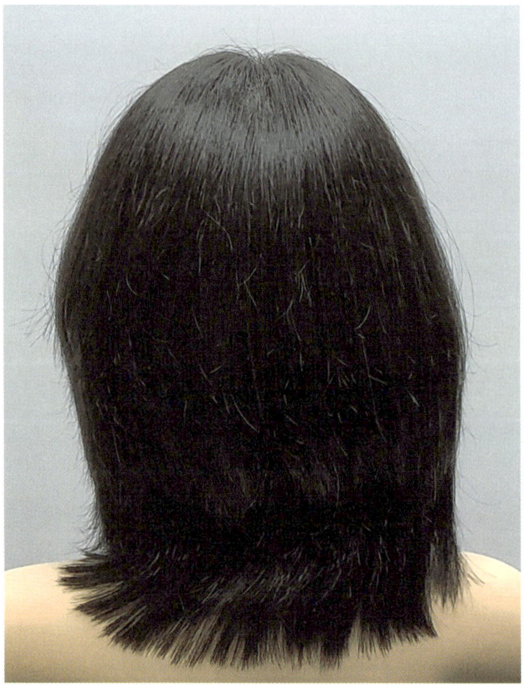

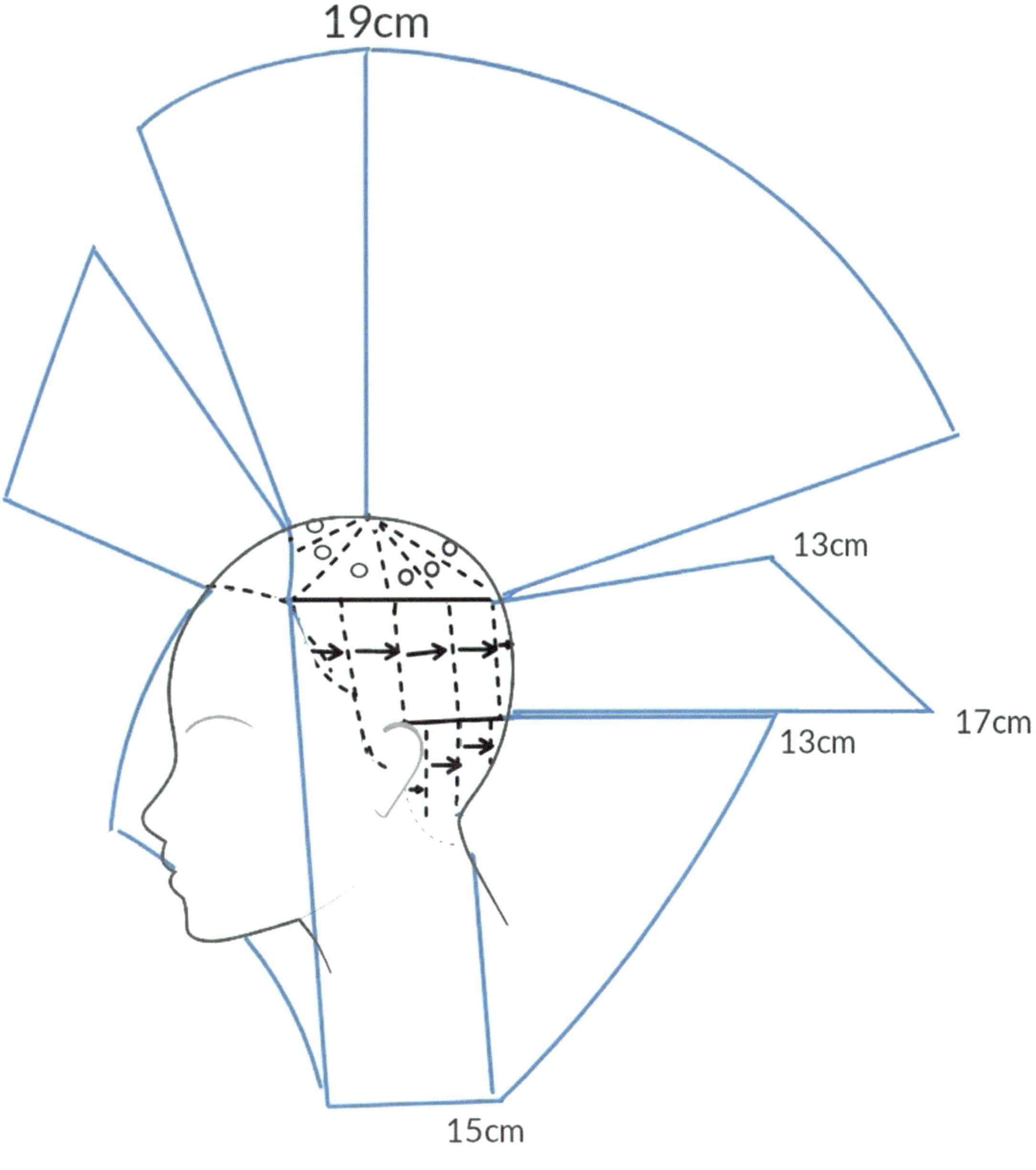
19cm
13cm
17cm
13cm
15cm

언더섹션은 N.P 15cm 가이드로
레자 에칭 기법으로
원랭스 커트로 진행한다.

동일하게 Side까지 수평으로 진행한다.

90도로 리프트업하여 한 패널 뒤로
OD하여 E.P 13cm까지 진행하며
Side의 무게는 살린다.

미들섹션은 G.B.M.P 13cm, B.P 17cm
디스커넥션으로 레자 에칭 기법 진행한다.
가이드 설정 후 한 패널 뒤로 OD하여
Side까지 진행한다.

오버섹션은 T.P를 기준으로 피봇 파팅 후 19cm 가이드로
레자 필링 기법을 활용하여 유니폼 레이어로 커트한다.

오른쪽에서 왼쪽 F.S.P까지 사선 파팅 후
오른쪽 F.S.P 11cm를 가이드로
레자 에칭 기법으로 연결하여 커트한다.

미용장 실기 창작 커트 14

자격종목	미용장	과제명	그라데이션 커트

1. 과제 : 창작 헤어커트

▶ **제한시간 : 40분**(준비시간 별도)

1. 요구사항

가. 요구사항에 맞게 파팅하고 머리의 길이는 제시되어 있는 길이를 따른다.

- 주어진 도면 및 다음 조건을 충족시키는 커트하시오.
- 레자로만 커트하시오.

나. 언더섹션(B.P에서 E.B.P 쪽으로 나누 후 진행하시오.)

- B.P 7cm, N.P 5cm 가이드 설정 후 피봇 파팅하여 한 패널 OD로 레자 에칭 기법을 사용하여 진행하시오(그래쥬에이션 진행).

다. 미들섹션(G.B.M.P에서 B.P로 나눈 후 진행하시오.)

- G.B.M.P 12cm, B.P 7cm로 가이드 설정하여 도면과 같이 진행하시오.
- G.B.M.P를 기점으로 전대각 피봇 파팅하여 첫 번째 파팅에 고정 디자인으로 레자 에칭 기법을 사용하여 도면과 같이 진행하시오.

라. 오버섹션

- 전대각 파팅하여 미들섹션에 고정 디자인으로 도면과 같이 진행하시오.

마. 프린지

- C.P 10cm를 가이드로 도면을 참조하여 레자 에칭 기법으로 도면과 같이 진행하시오.

바. 질감 처리는 언더는 펜슬 기법, 미들, 오버는 베벨 언더로 도면을 참조하여 진행하시오.

- 프린지는 보스 사이드 기법으로 도면과 같은 흐름으로 마무리하시오.

자격종목	미용장	과제명	커트 (1과제)	척도	NS

2. 도면

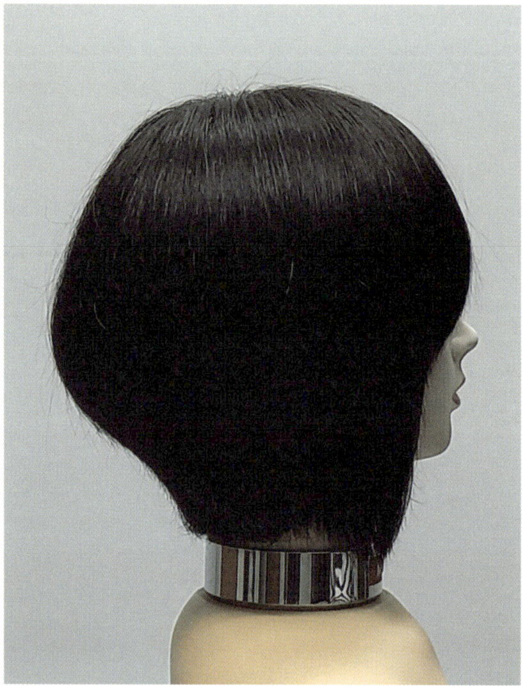

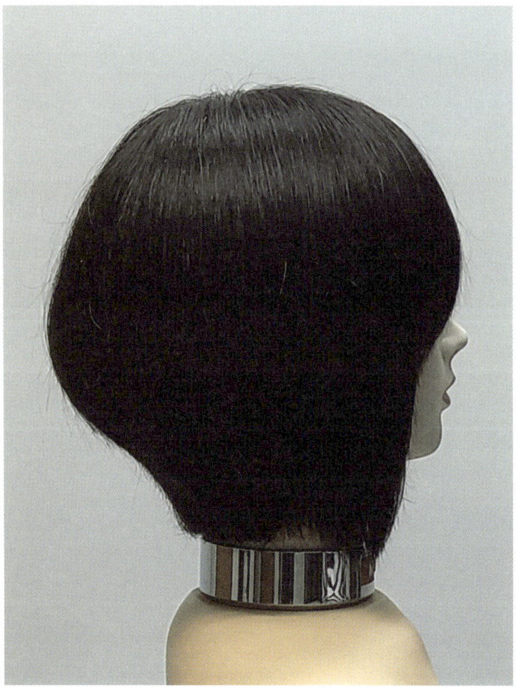

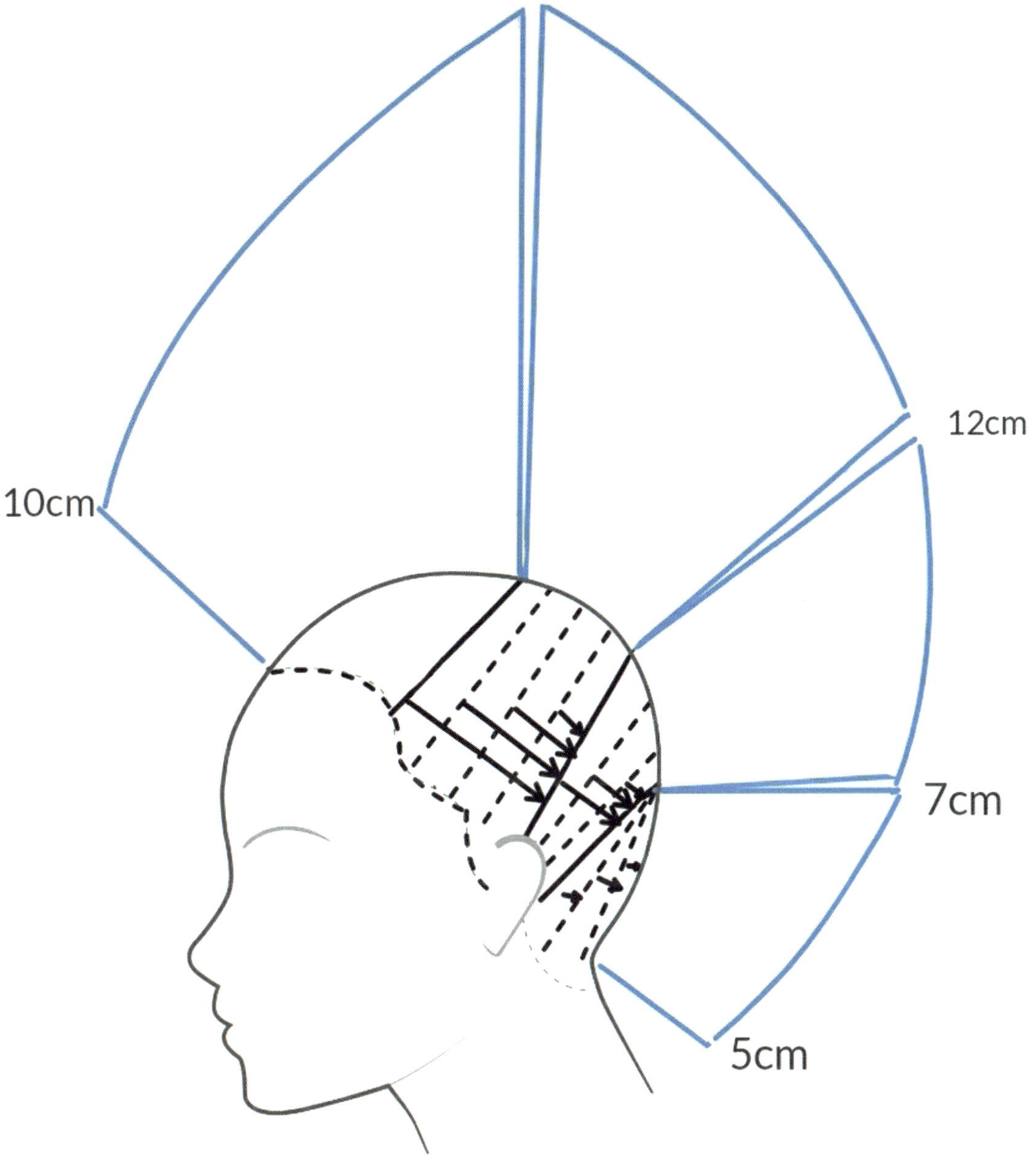
12cm
10cm
7cm
5cm

언더섹션은 B.P에서 귀반선으로
사선섹션으로 나눈다.

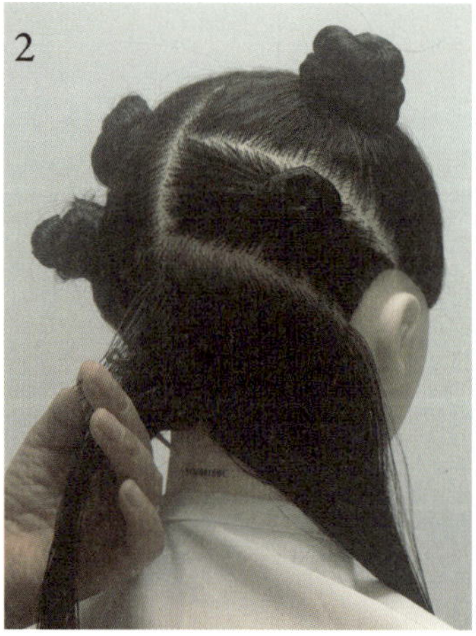

첫 번째 피봇 파팅 후 N.P 5cm, B.P 7cm로 HG로 가이드 설정하여
한 패널 뒤로 OD하면서 레자 에칭으로 커트 진행한다.

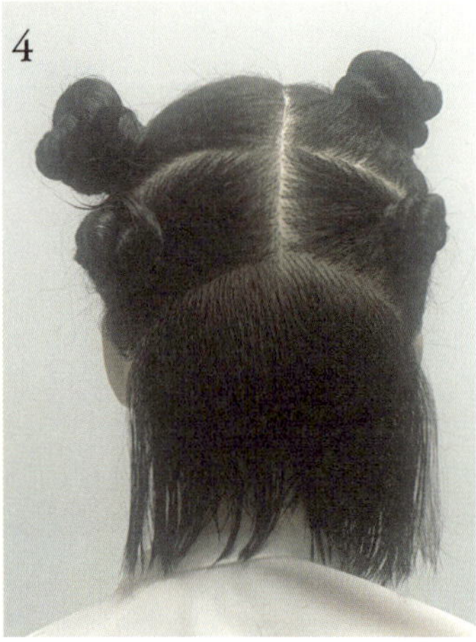

언더섹션 완성

미들섹션은 G.B.M.P에서 E.P 쪽으로
사선섹션으로 나누고 피봇 파팅 후
언더를 가이드로 G.B.M.P가
12cm될 수 있게 그라데이션으로
레자 에칭 기법 커트 진행한다.

나머지 피봇 파팅으로 첫 번째
파팅으로 고정 디자인하여
커트 진행한다.

나머지 계속하여 사선 파팅하여
고정 디자인으로
레자 에칭 커트한다.

미들섹션 완성

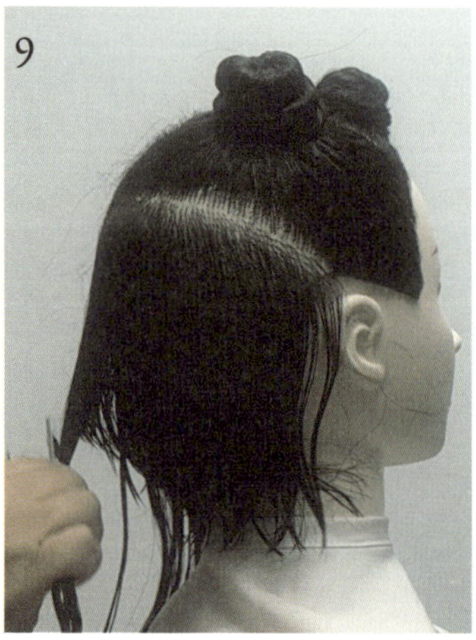

오버섹션은 사선 파팅하여
미들섹션에 고정하여 낮은
그라데이션 커트로 Side까지
연결하여 레자에칭으로 진행한다.

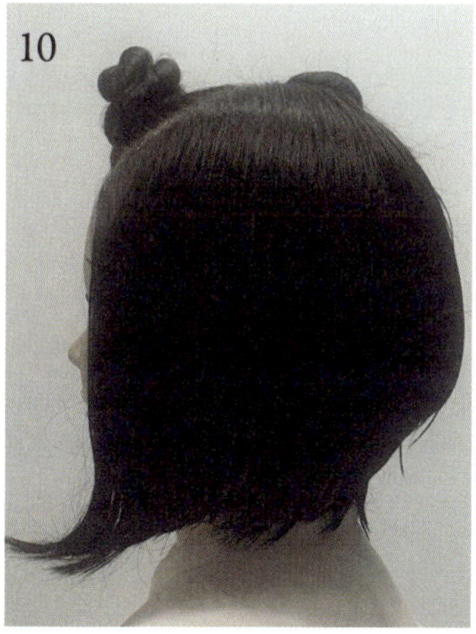

오버섹션 완성

프린지는 C.P에서 코를 중심으로 수직으로 하여 C.P 10cm 가이드 설정으로 커트한다.

질감 처리는 레자 에칭과 필링 기법을 사용하여 마무리한다.

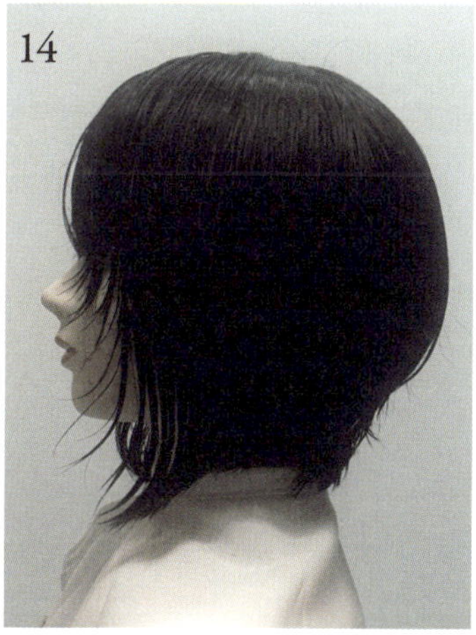

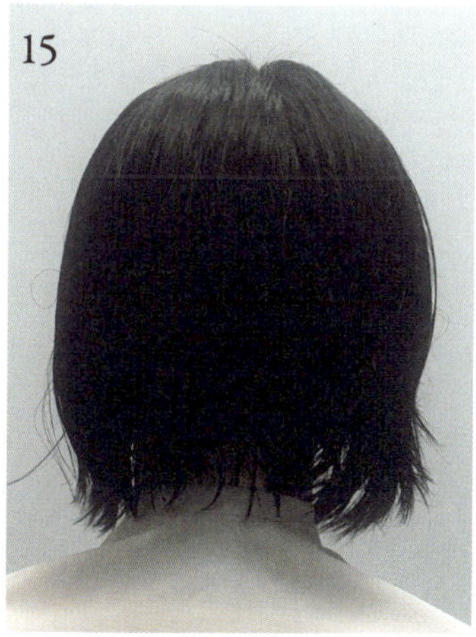

미용장 실기 창작 커트 15

자격종목	미용장	과제명	디스커넥션 혼합형 커트

1. 과제 : 창작 헤어커트

▶ **제한시간 :** 40분(준비시간 별도)

1. 요구사항

가. 요구사항에 맞게 파팅하고 머리의 길이는 제시되어 있는 길이를 따른다.

- 주어진 도면 및 다음 조건을 충족시키는 커트를 하시오.
- 레자로만 커트하시오.

나. 후두부

- B.N.M.P 5cm 가이드 설정 후 한 패널 OD하여 레자 에칭 기법으로 진행하시오.
- G.B.M.P에서 E.P 쪽으로 섹션을 나눈 후 E.P 쪽에서 후대각 파팅 후 한 패널 OD하여 그라데이션으로 레자 에칭 기법으로 진행하시오.
- 나머지 후두부는 전대각 파팅 후 그라데이션 레자 에칭 기법으로 진행하시오.

다. 전두부, 측두부

- 후대각 파팅하여 E.P를 가이드로 레자 에칭 기법으로 낮은 시술각으로 진행하시오.

라. 질감 처리는 언더는 펜슬 기법, 미들은 베벨 언더, 오버는 베벨 언더와 펜슬 기법으로 도면을 참조하여 진행하시오.

자격종목	미용장	과제명	커트 (1과제)	척도	NS

2. 도면

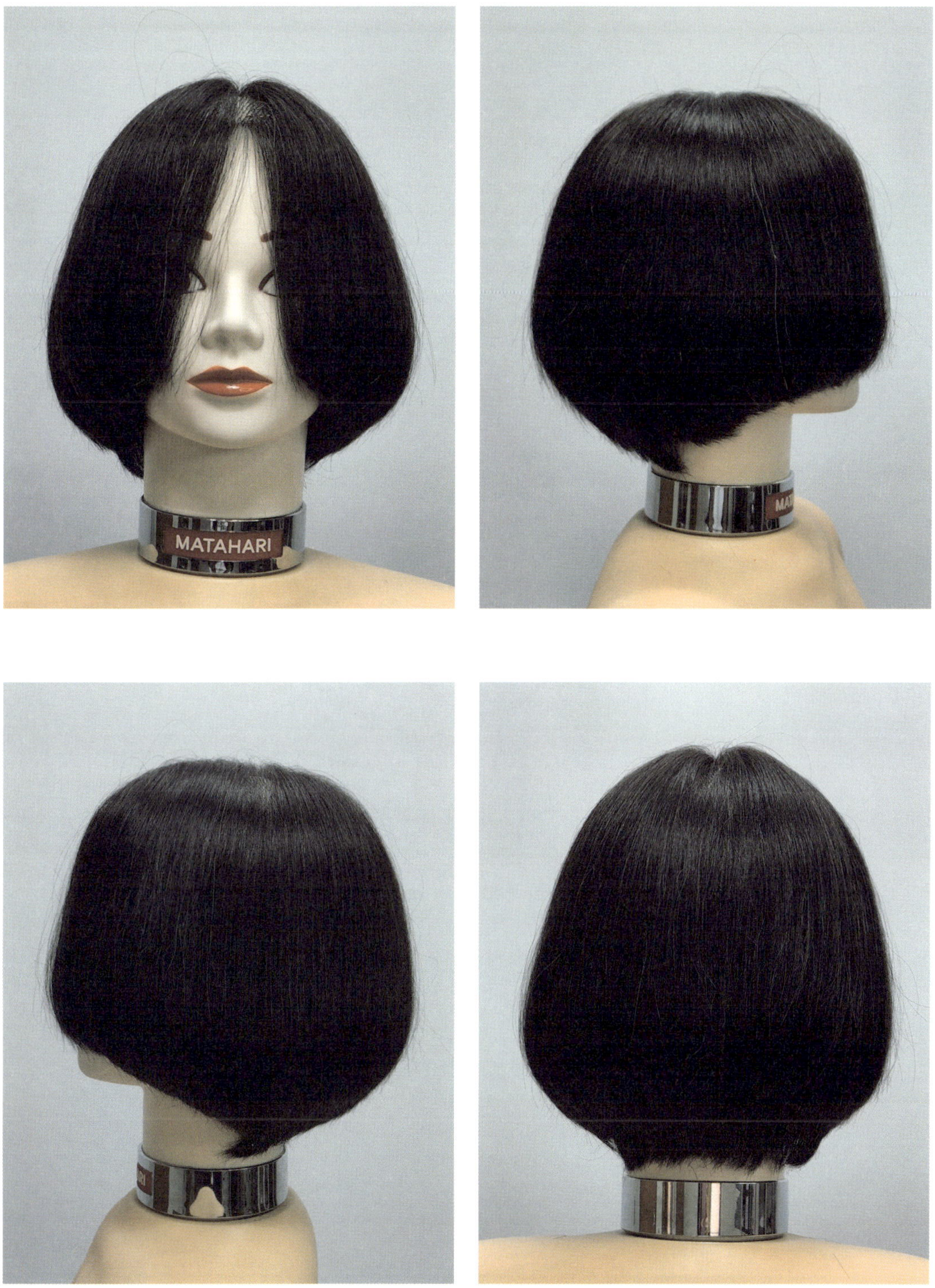

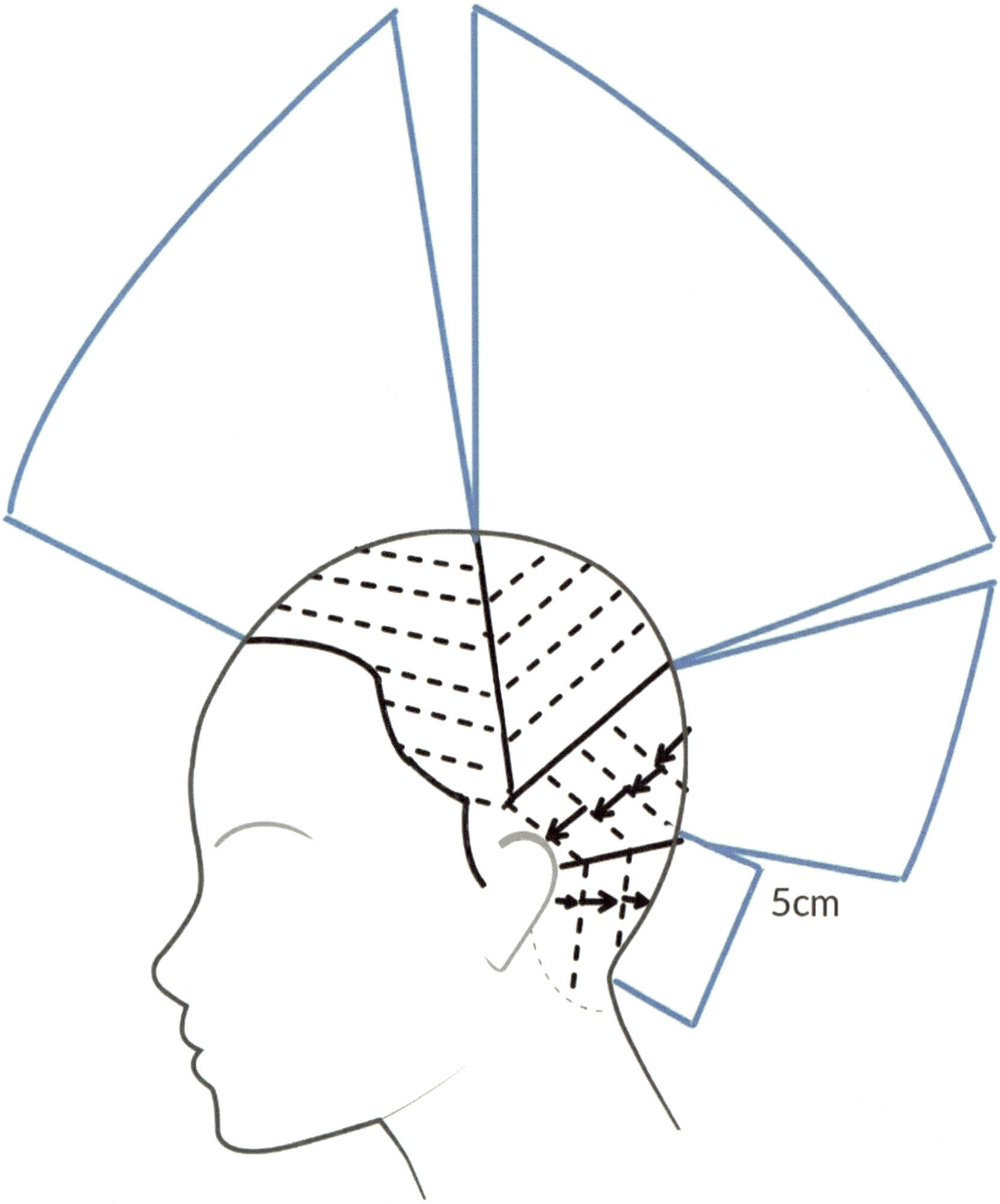
5cm

B.N.M.P에서 사선파팅하여
귀반으로 나눈다.

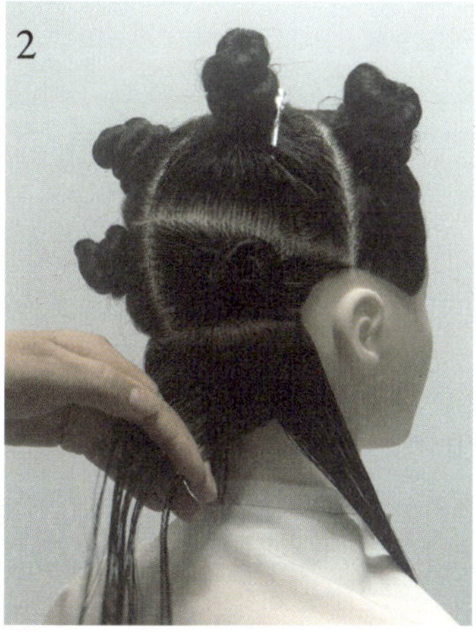

B.N.M.P 5cm 가이드로 정중선
쪽으로 OD하여 유니폼으로
가이드 설정 커트한다.

나머지 계속하여 사선 파팅하여
한 패널 OD하면서 커트한다
(레자 에칭 기법 사용).

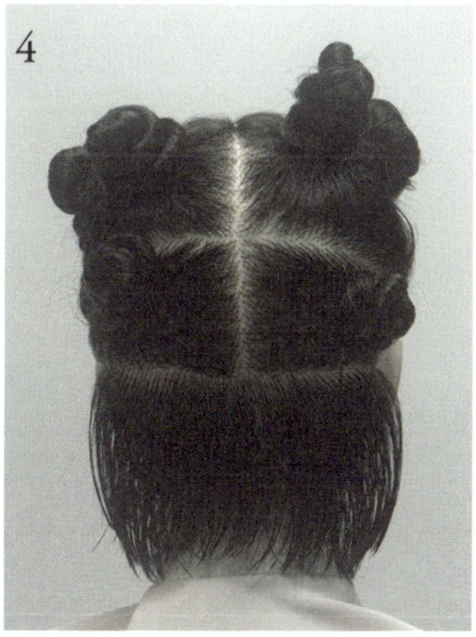

언더섹션 완성

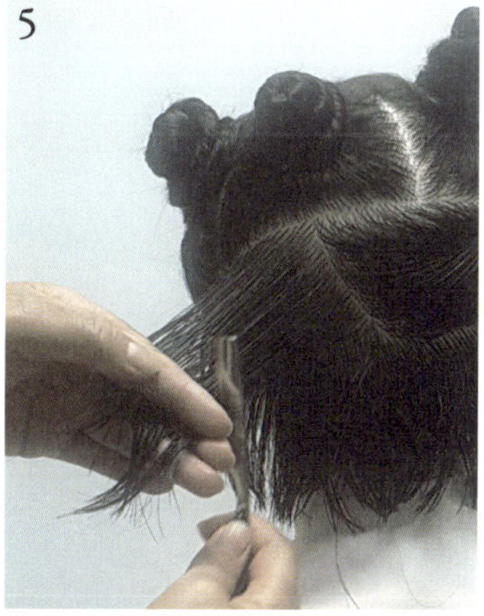

미들섹션은 후대각 파팅 후
언더섹션을 가이드로
한 패널 OD하여 진행한다.

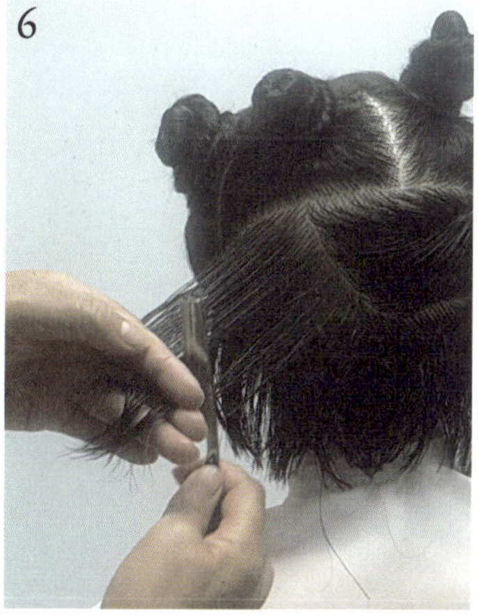

나머지 후대각 파팅 후
한 패널 OD하여 진행한다.

오버섹션은 전대각 파팅 후
정중선 쪽으로 OD하여 미들섹션을
가이드로 진행한다.

나머지도 사선 파팅 후 그라데이션
커트 진행한다(레자 에칭).

Side는 후대각 파팅 후 파팅에
평행하게 E.P를 가이드로
낮은 시술각으로 진행한다.

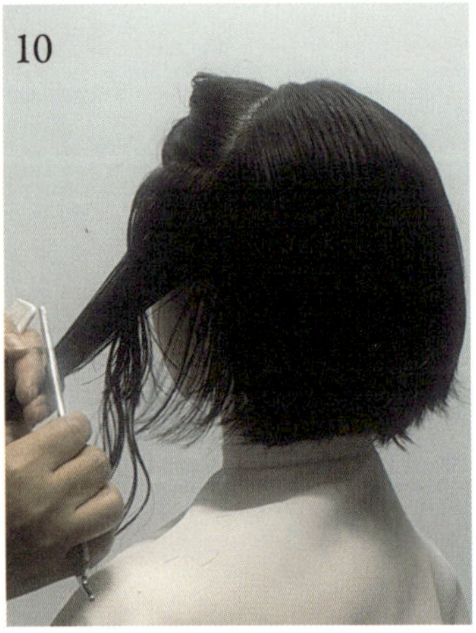
10

나머지도 후대각 파팅 후
첫 번째 가이드에 맞추어
낮은 시술각으로 진행한다.

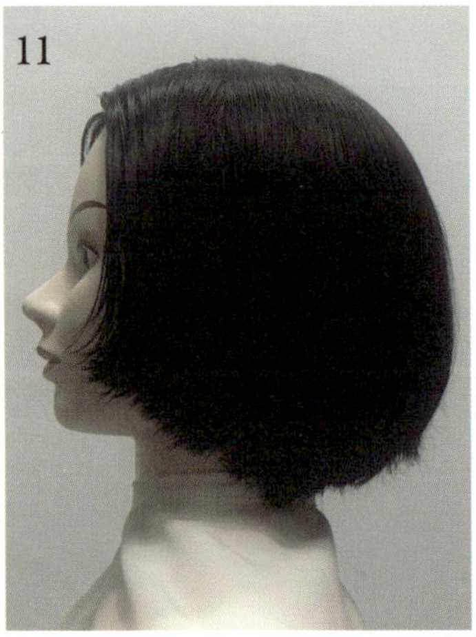
11

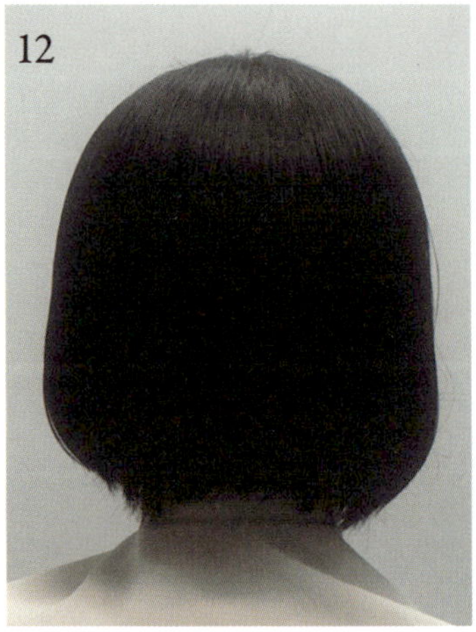
12

13

미용장 실기 창작 커트 16

자격종목	미용장	과제명	그래쥬에이션 커트

1. 과제 : 창작 헤어커트

▶ **제한시간 :** 40분(준비시간 별도)

1. 요구사항

가. 요구사항에 맞게 파팅하고 머리의 길이는 제시되어 있는 길이를 따른다.

- 주어진 도면 및 다음 조건을 충족시키는 커트를 하시오.
- 레자로만 커트하시오.

나. 백(back)

- 언더섹션은 오른쪽 E.P 5cm, 왼쪽 N.S.P 5cm로 중간 시술각으로 좌대각하시오.
- 미들, 오버섹션은 오른쪽 E.T.M.P 16cm, 왼쪽 E.P 6cm와 연결되는 낮은 시술각으로 도면과 같이 사선의 흐름으로 하시오.

다. 사이드(side)

- 오른쪽 S.C.P 9cm와 E.P 5cm를 연결하는 전대각 라인으로 커트하시오.
- 왼쪽은 S.C.P 8cm와 E.P 5cm를 연결하는 전대각 라인으로 커트하시오.

라. 프린지(fringe)

- 삼각섹션하여 오른쪽 F.S.P 11cm를 가이드로 도면과 같이 왼쪽 F.S.P와 연결하시오.

마. 질감 처리는 이너 그라데이션으로 하시오.

바. 네이프는 프리핸드 기법으로 좌대각 라인으로 도면과 같이 마무리하시오.

자격종목	미용장	과제명	커트 (1과제)	척도	NS

2. 도면

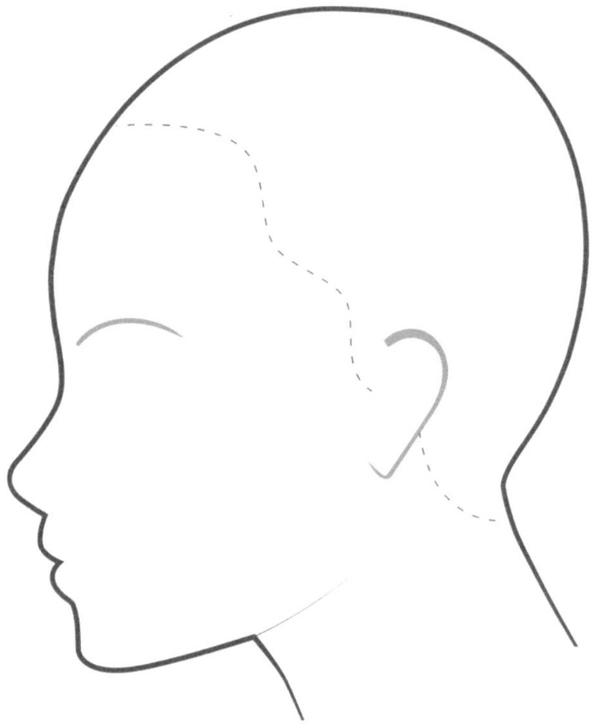

미용장 실기 창작 커트 17

자격종목	미용장	과제명	혼합형 디스커넥션 커트

1. 과제 : 창작 헤어커트

▶ **제한시간 :** 40분(준비시간 별도)

1. 요구사항

가. 요구사항에 맞게 파팅하고 머리의 길이는 제시되어 있는 길이를 따른다.

- 주어진 도면 및 다음 조건을 충족시키는 커트를 하시오.
- 레자로만 커트하시오.

나. E.T.E로 블로킹 후 진행하시오.

다. 후두부

- 언더존은 B.P 6cm, N.P 8m를 연결하여 도면과 같이 슬라이싱으로 진행하시오.
- 오버존은 T.P 8cm, B.P 9cm, 왼쪽 E,B.P 14cm로 디스커넥션 후 전대각 파팅으로 진행하고, 오른쪽 B.P 9cm~S.C.P 14cm를 연결하여 중간 시술각으로 도면과 같이 나칭 기법으로 진행하시오.

라. 측두부

- 왼쪽은 S.C.P 8cm, E.P 6cm로, F.S.P 6cm로 도면과 같이 진행하시오.
- 오른쪽은 S.C.P 14cm, B.P 9cm 연결하여 중간 시술각으로 나칭 기법으로 커트한다.

마. 양쪽 F.S.P와 T.P를 연결하는 삼각섹션으로 나눈 후 왼쪽 F.S.P 6cm와 오른쪽 F.S.P를 연결하여 도면과 같이 진행하시오.

바. 전체적인 스타일이 연결되도록 질감 처리는 스타일의 완성도를 위해 언더존은 세임 틴닝, 미들존은 이너 틴닝, 오버존은 세임 틴닝, 측두부, 전두부 엔드 테이퍼링하시오.

자격종목	미용장	과제명	커트 (1과제)	척도	NS

2. 도면

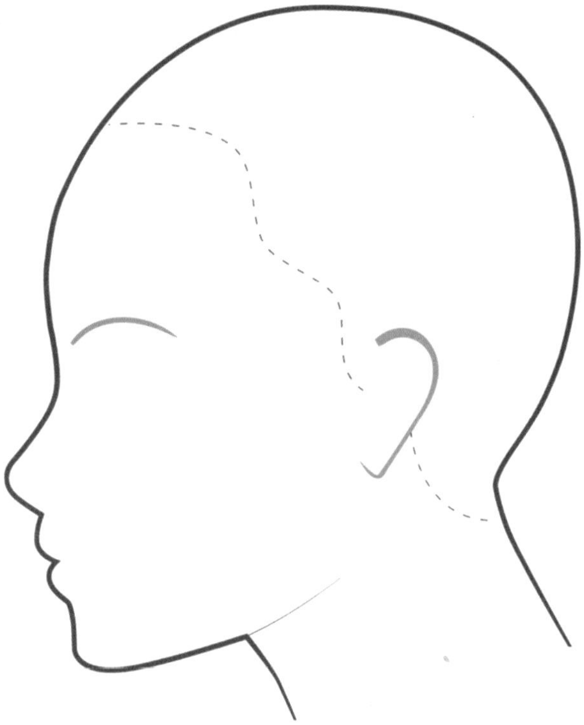

미용장 실기 창작 커트 18

자격종목	미용장	과제명	혼합형 디스커넥션 커트

1. 과제 : 창작 헤어커트

▶ **제한시간 :** 40분(준비시간 별도)

1. 요구사항

가. 요구사항에 맞게 파팅하고 머리의 길이는 제시되어 있는 길이를 따른다.

- 주어진 도면 및 다음 조건을 충족시키는 커트를 하시오.
- 가위로만 커트하시오.

나. 후두부

- 언더섹션은 B.P 약 4cm, N.P 7cm 레이어로 컨케이브 라인이 나타나게 하되 E.B.P 17cm로 매쉬 한 가닥을 남겨서 하시오.
- 미들섹션은 B.P 8cm를 기준으로 오른쪽은 고정 디자인하여 하이 그라데이션으로 하시오.
- 왼쪽은 Side Base로 도면과 같이 하시오
- 오버섹션은 G.P를 언더섹션을 기준으로 디스커넥션 전대각 라인으로 도면과 같이 하시오.

다. 측두부

- E.T.E 섹션하여 오른쪽은 S.P까지 후대각 파팅 후 미들섹션과 연결하여 낮은 시술각으로 도면과 같이 진행하시오.
- 나머지는 후두부의 오버섹션과 연결하여 온베이스로 진행하시오.
- 왼쪽도 후두부 미들섹션과 연결하여 낮은 시술각으로 하시오.

라. 프린지 왼쪽은 프리핸드 기법으로 도면과 같이 진행하시오.

마. 전체적인 스타일이 연결되도록 질감 처리는 이너 그라데이션 틴닝으로 하시오.

자격종목	미용장	과제명	커트 (1과제)	척도	NS

2. 도면

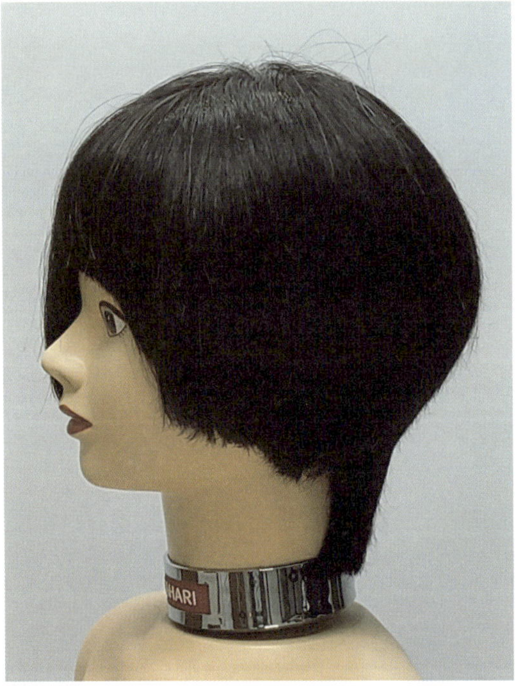

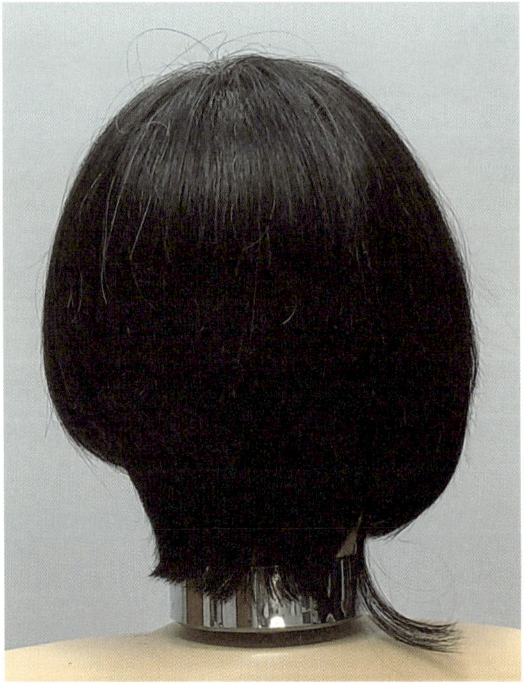

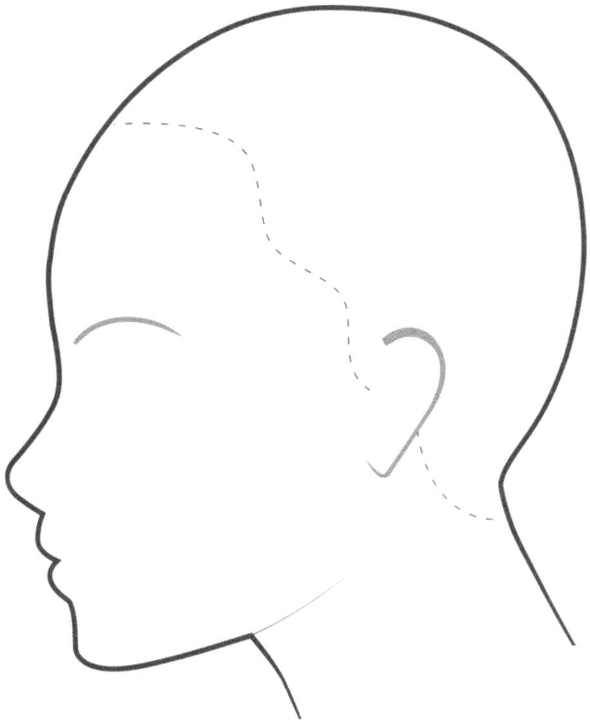

미용장 실기 창작 커트 19

자격종목	미용장	과제명	콤비네이션 디스커넥 커트

1. 과제 : 창작 헤어커트

▶ **제한시간 : 40분**(준비시간 별도)

1. 요구사항

가. 요구사항에 맞게 파팅하고 머리의 길이는 제시되어 있는 길이를 따른다.

- 주어진 도면 및 다음 조건을 충족시키는 커트를 하시오.
- 가위만 사용하시오(단 질감 처리는 가위, 틴닝가위 사용 가능).

나. 백(back)

- E.P에서 B.N.M.P까지 사선 파팅한 후 작업을 진행하시오.
- 언더섹션은 약 N.P 6cm, 유니폼 레이어로 가이드 설정 후 전체 네이프 라인이 컨케이브 형태로 도면과 같이 하시오.
- 미들섹션은 G.B.M.P 10cm, 유니폼 레이어로 가이드 설정 후 도면과 같이 전대각 흐름으로 하시오.
- 오버섹션은 T.P 17cm, 유니폼 레이어로 도면과 같이하시오.

다. 사이드(side)

- E.T.E 파팅 후 E.P 4cm 위를 S.C.P와 전대각으로 파팅 후 E.P 10cm, S.C.P 11cm를 연결하는 전대각 라인으로 슬라이싱 커트하고, 네이프 사이드 라인 1cm 위를 후대각 파팅 후 E.P 10cm와 N.S.P을 도면과 같이 연결하시오.
- 나머지 사이드는 후두부 미들섹션과 연결하시오.

라. 프린지

- 양쪽 F.S.P~C.T.M.P를 연결하는 삼각섹션 후 코선으로 리프트 다운하여 트위스트 베이스로 도면과 같이 커트하시오.
- 나머지 T.P를 기준으로 전두부 전체를 평면으로 커트하여 마무리하시오.

마. 전체적인 스타일이 연결되도록 질감 처리는 이너 그라데이션으로 하시오.

자격종목	미용장	과제명	커트 (1과제)	척도	NS

2. 도면

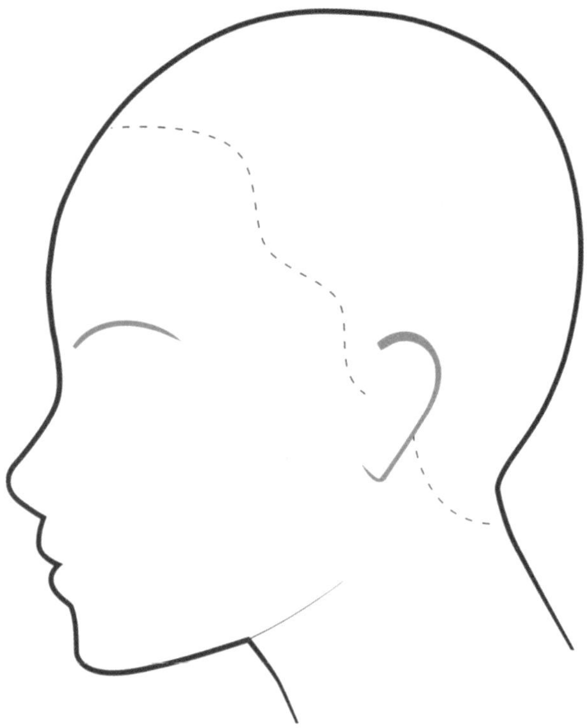

미용장 실기 창작 커트 20

자격종목	미용장	과제명	혼합형 디스커넥 커트

1. 과제 : 창작 헤어커트

▶ **제한시간 :** 40분(준비시간 별도)

1. 요구사항

가. 요구사항에 맞게 파팅하고 머리의 길이는 제시되어 있는 길이를 따른다.

- 주어진 도면 및 다음 조건을 충족시키는 커트하시오.
- 가위만 사용하시오(단 질감 처리는 가위, 틴닝가위 사용 가능).

나. 백(back)

- B.P 10cm, N.P 12cm로 인크리스 레이어로 도면과 같이 하시오.
- B.P 13cm, T.P 21cm로 하여 직각 분배로 커트하시오.

다. 사이드(side)

- 오른쪽은 E.T.E 라인을 가이드로 도면과 같이 커트하시오.
- 왼쪽은 E.T.E 라인을 가이드로 E.P에 고정 디자인으로 하시오.

라. 프린지는 C.P로 모아서 지면과 수직으로 커트하시오.

자격종목	미용장	과제명	커트 (1과제)	척도	NS

2. 도면

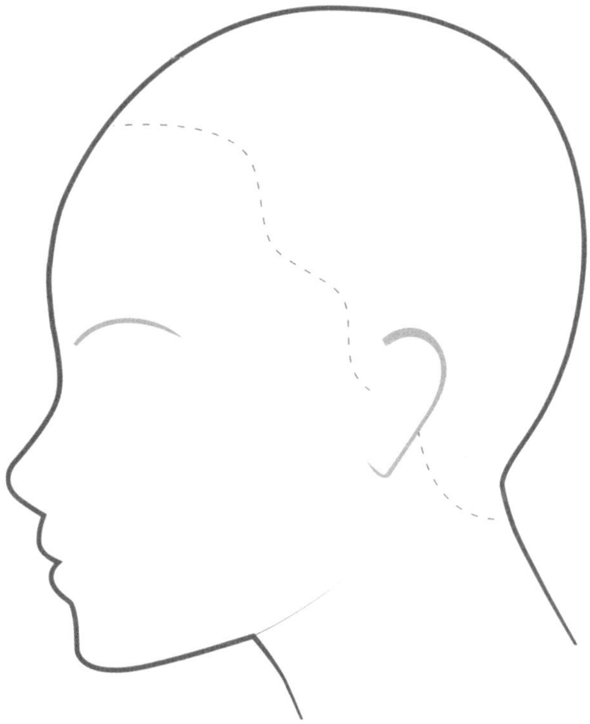

미용장 실기 창작 커트 21

자격종목	미용장	과제명	디스크넥 커트

1. **과제 :** 창작 헤어커트

▶ **제한시간 :** 40분(준비시간 별도)

1. 요구사항

가. 요구사항에 맞게 파팅하고 머리의 길이는 제시되어 있는 길이를 따른다.

- 주어진 도면 및 다음 조건을 충족시키는 커트를 하시오.
- 가위만 사용하시오(단 질감 처리는 가위, 틴닝가위 사용 가능).
- 프린지 섹션은 좌우 F.S.P~T.P까지 삼각 파팅하고, F.S.P~ B.N.M.P를 연결하는 라운드 섹션으로 나눈 후 도면과 같이 하시오.

나. 후두부

- N.P 8cm, B.N.M.P 8cm를 가이드로 오른쪽은 On Base, 왼쪽은 고정 DL로 진행하시오.

다. 측두부

-오른쪽 후두부를 가이드로 E.P 쪽으로 고정 DL로 커트하시오.
- 왼쪽 측중선을 기준으로 도면과 같이 진행하시오.

라. F.S.P 10cm, B.N.M.P 10cm 가이드로 전체 커트한 후 낮은 그라데이션으로 도면과 같이 하시오.

마. 전두부

- 왼쪽 F.S.P 10cm를 가이드로 도면과 같이 진행하시오.

바. 전체적인 스타일이 연결되도록 질감 처리는 노멀, 엔드 테이퍼링으로 마무리하시오.

자격종목	미용장	과제명	커트 (1과제)	척도	NS

2. 도면

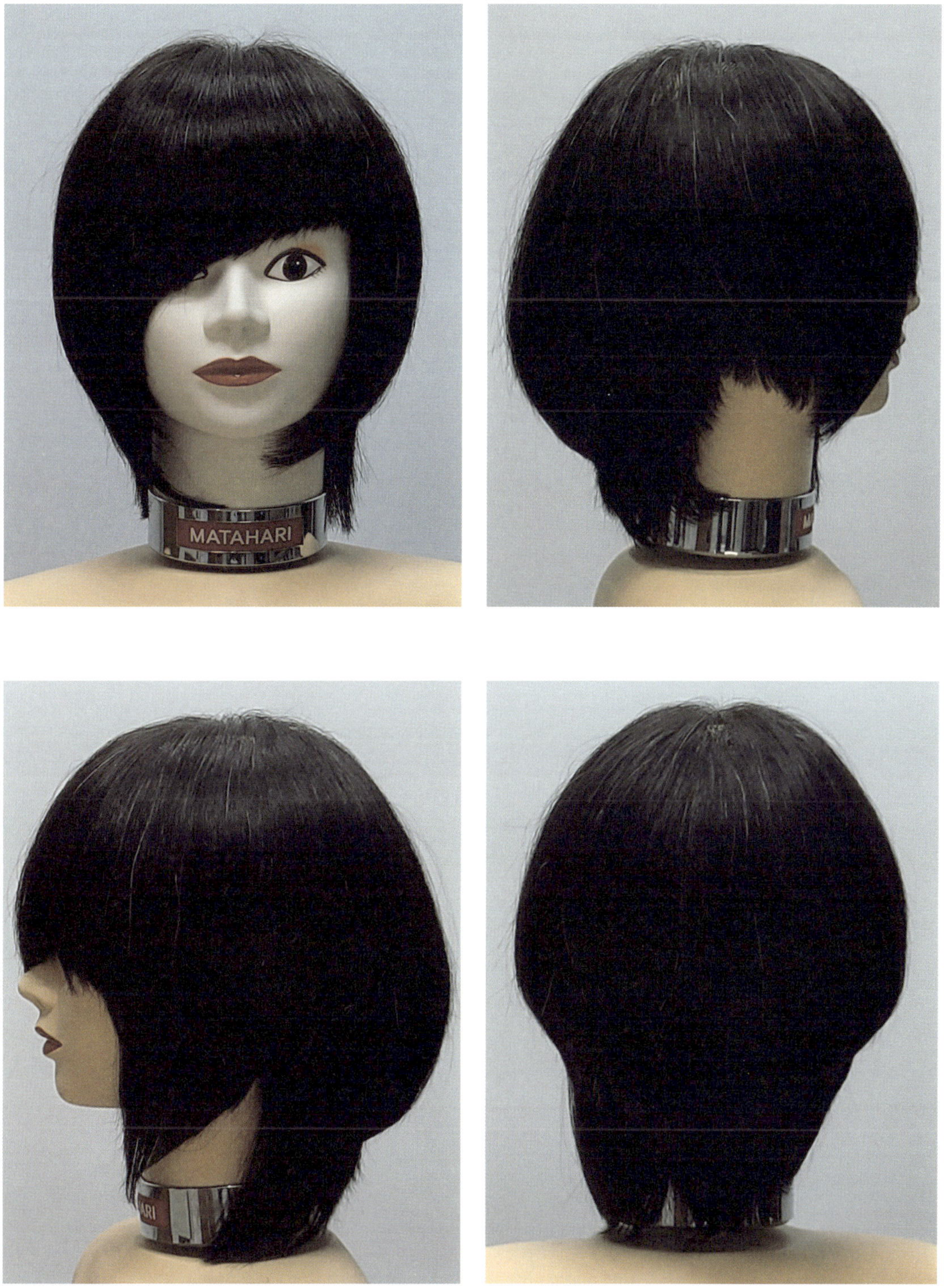

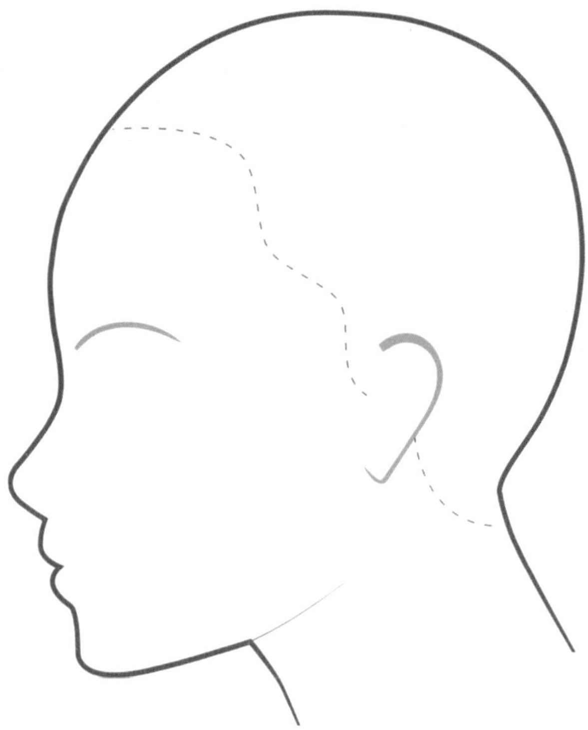

미용장 실기 창작 커트 22

자격종목	미용장	과제명	어시메틱 디스크넥 커트

1. 과제 : 창작 헤어커트

▶ **제한시간 :** 40분(준비시간 별도)

1. 요구사항

가. 요구사항에 맞게 파팅하고 머리의 길이는 제시되어 있는 길이를 따른다.

- 주어진 도면 및 다음 조건을 충족시키는 커트를 하시오.

나. 주어진 섹션으로 커트하시오.

1) 좌.우 F.S.P~T.P로 삼각섹션하고 좌.우 F.S.P에서 B.N.M.P까지 섹셔닝하시오.
2) F.S.P 약 11cm, B.N.M.P 11cm로 가이드 설정하시오.
3) N.P 약 12cm를 가이드로 왼쪽은 정중선으로 고정 디자인 라인, 오른쪽은 도면과 같이 좌대각이 되도록 진행하시오.
4) 좌, 우 Side는 11cm 기준으로 E.P에 고정 디자인하시오.
5) 나머지 오버섹션은 후대각 파팅 후 11cm를 가이드로 낮은 그라데이션으로 도면과 같이 하시오.
6) 프린지는 C.P 8cm와 F.S.P 11cm와 연결하여 도면과 같이 하시오.
7) 마무리 질감 처리하여 형태선이 선명하게 마무리하시오.

자격종목	미용장	과제명	커트 (1과제)	척도	NS

2. 도면

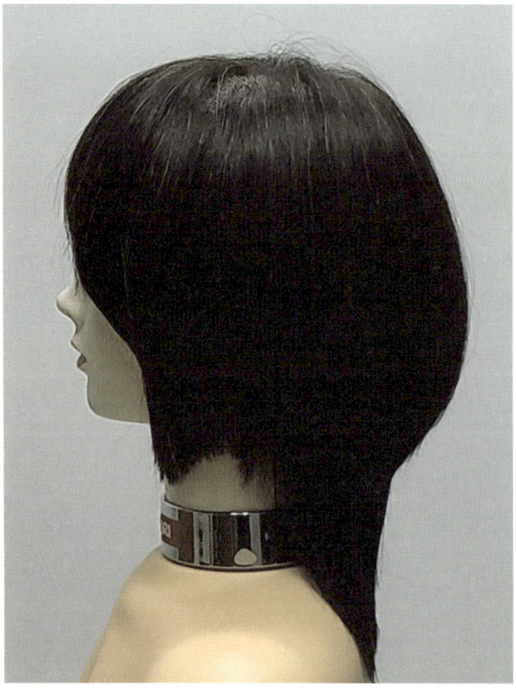

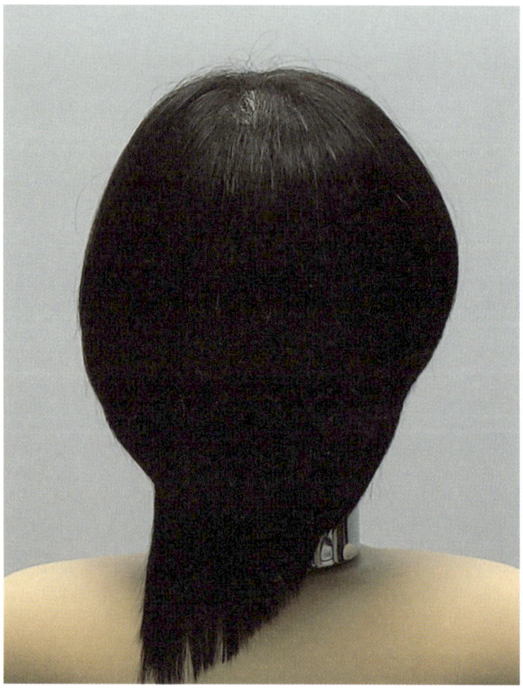

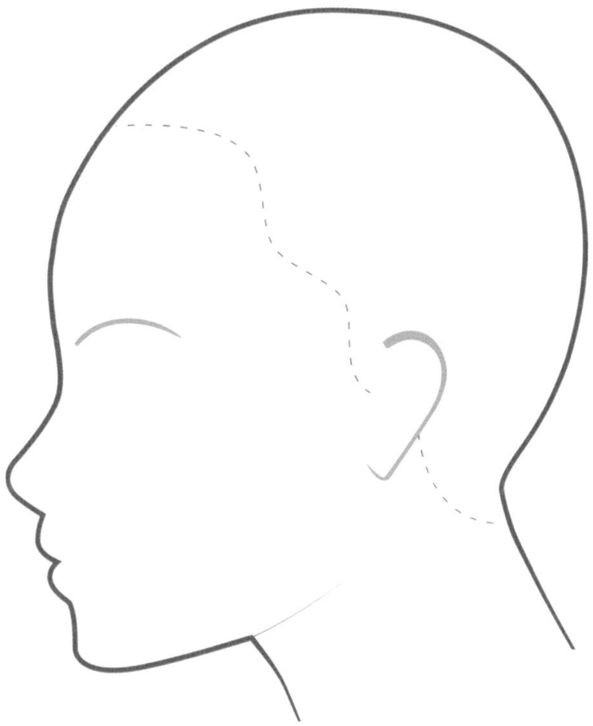

미용장 실기 창작 커트 23

자격종목	미용장	과제명	혼합형 디스크넥 커트

1. 과제 : 창작 헤어커트

▶ **제한시간 :** 40분(준비시간 별도)

1. 요구사항

가. 요구사항에 맞게 파팅하고 머리의 길이는 제시되어 있는 길이를 따른다.

- 주어진 도해도(구조 그래픽) 및 다음 조건을 충족시키는 커트를 하시오.

나. 후두부

- 언더섹션은 블런트로 도면과 같이 유니폼 레이어하시오.
- 미들섹션은 언더섹션과 연결하여 중간 시술각으로 도면과 같이 하시오.
- 오버섹션은 전대각 파팅하고 도면과 같이 디스커넥션하여 그라데이션하시오.

다. 측두부

- 왼쪽은 S.P에서 수평으로 나누어 후두부 미들섹션에 떨어진 길이와 연결하여 수평으로 콤컨트롤로 진행 후 나머지는 사선 파팅하여 후두부 오버섹션과 연결하시오.
- 오른쪽은 전대각 파팅 후 후두부와 연장선이 되게 도면과 같이 하시오.

라. 네이프 라인은 컨벡스로 도면과 같이 하시오.

자격종목	미용장	과제명	커트 (1과제)	척도	NS

2. 도면

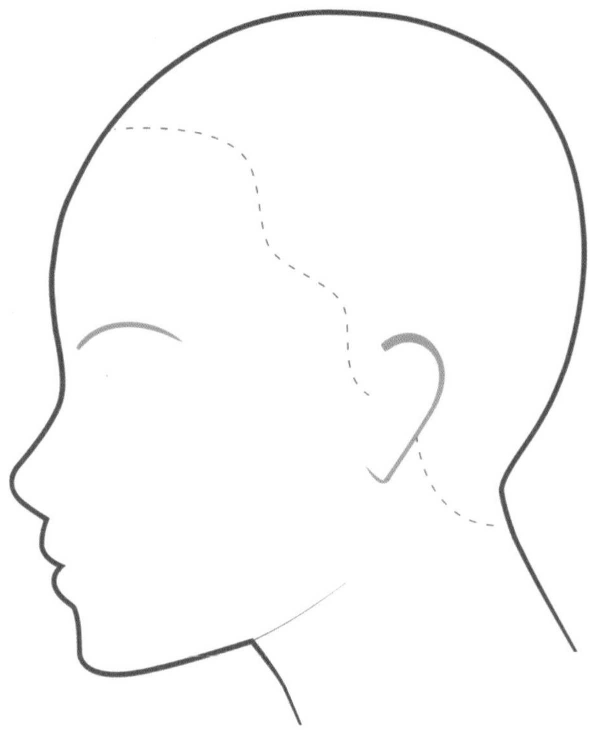

미용장 실기 창작 커트 24

자격종목	미용장	과제명	혼합형 디자인 커트

1. 과제 : 창작 헤어커트

▶ **제한시간 :** 40분(준비시간 별도)

1. 요구사항

가. 요구사항에 맞게 파팅하고 머리의 길이는 제시되어 있는 길이를 따른다.

- 주어진 도해도(구조 그래픽) 및 다음 조건을 충족시키는 커트를 하시오.
- 모든 커트는 레자만 사용하시오.

나. 엑스테리어

- 크레스트 라인 지점 10cm, 네이프 12cm 인크리스 레이어로 도면과 같이 진행하시오.

다. 인테리어

- 후두부 켄케이브형이 되도록 그라데이션 커트하시오.

라. F.S.P 10cm, C.P 6cm, S.P 11cm, S.C.P 16cm로 후대각이 되도록 하시오.

자격종목	미용장	과제명	커트(1과제)	척도	NS

2. 도면

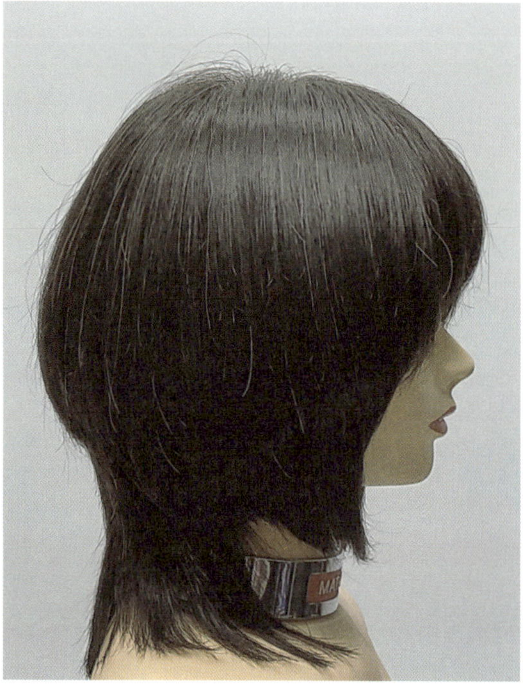

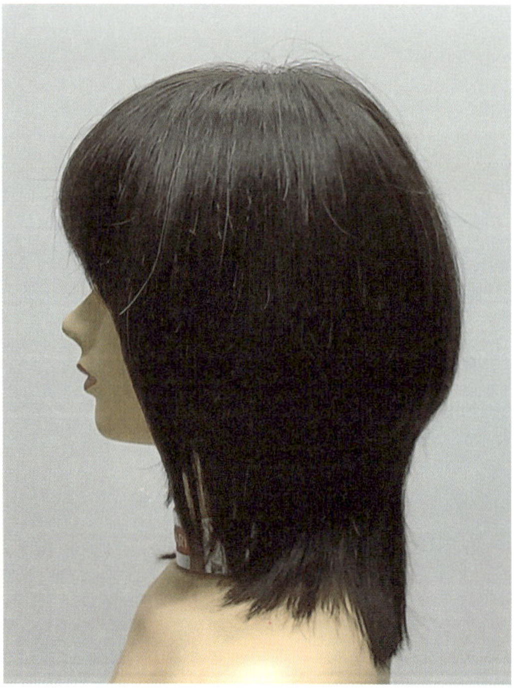

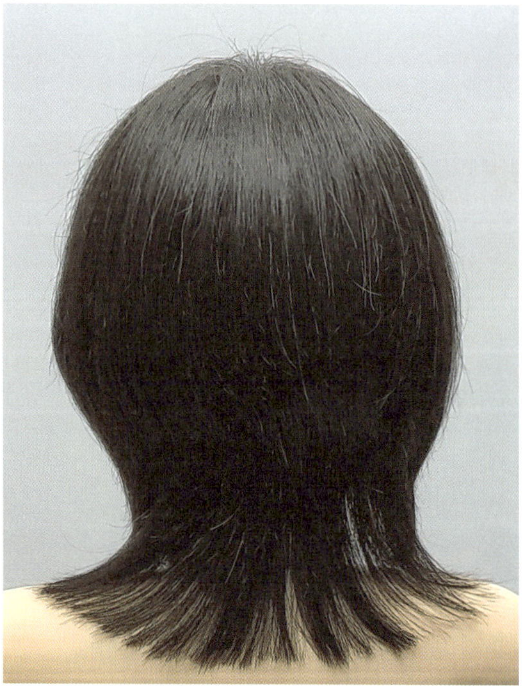

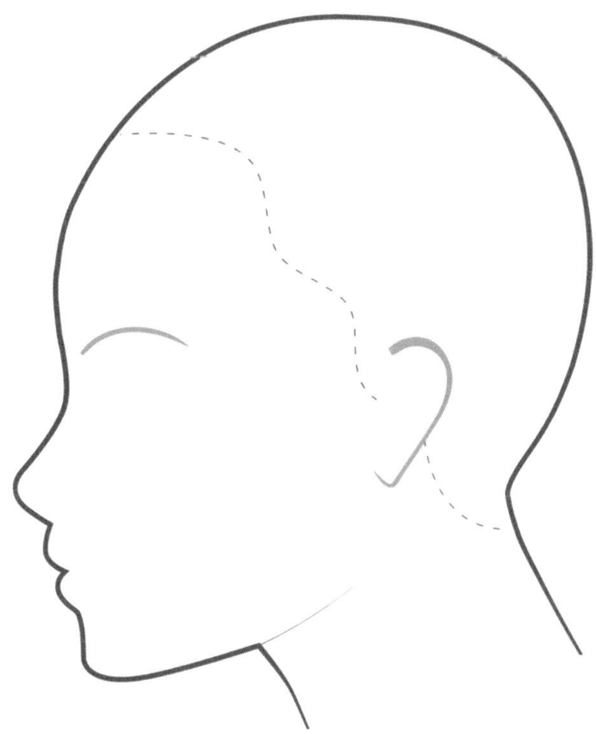

미용장 실기 창작 커트 25

자격종목	미용장	과제명	혼합형 창작 커트

1. 과제 : 창작 헤어커트

▶ **제한시간 :** 40분(준비시간 별도)

1. 요구사항

가. 모든 커트는 레자나 틴닝가위는 제외하고 가위로만 커트하시오.

나. 4등분으로 나눈 후 진행하시오.

다. 왼쪽 유라인은 F.S.P 6cm, G.P 12cm로 하여 전환 레이어링으로 나칭 커트하시오.

라. 오른쪽 유라인은 F.S.P 11cm, G.P 12cm로 하여 인크리스레이어로 나칭 커트하시오.

마. 오른쪽 리섹션은 레이어로, 왼쪽 리섹션은 오버 다이렉션으로 나칭 커트하시오.

바. 미들은 G.B.M.P 12cm, B.P 9cm로 그라데이션으로 나칭 커트하시오.

사. N.P 4cm, N.S.P 1cm로 후대각이 되게 블런트 또는 딥포인팅으로 진행하시오.

자격종목	미용장	과제명	커트 (1과제)	척도	NS

2. 도면

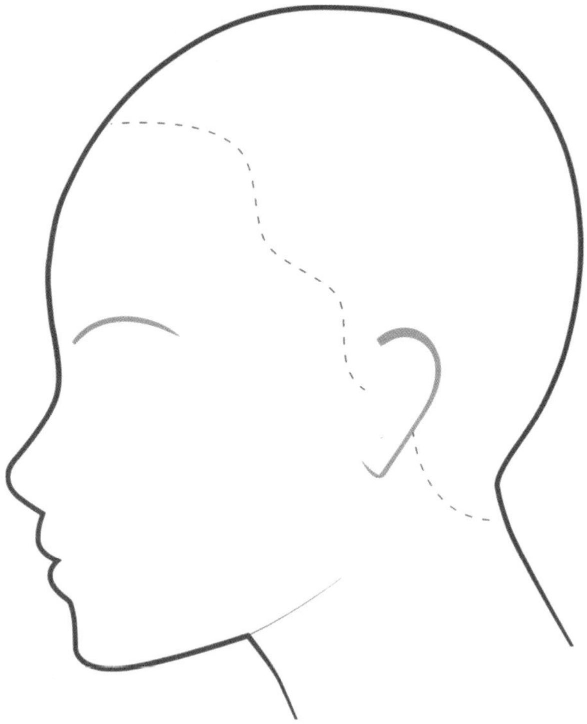

참고문헌

- Harl High Level, 청구문화사
- 미용장 필기시험, 푸른출판사
- 미용장 마스터, 푸른출판사
- 미용장 실기, 청구문화사
- 헤어 컷 디자인 베이직, 구민사
- 헤어 기본 커트, 구민사
- S.A. 헤어스켈프회 레이디스·여성컷
- 국가직무능력표준(NCS)모듈 헤어미용
- 국가직무능력표준(NCS)모듈 이용